我们一起解决问题

首先看好自己，其次都是其次

刘峙 著

人民邮电出版社

北　京

图书在版编目（CIP）数据

首先看好自己，其次都是其次 / 刘峙著 . -- 北京：人民邮电出版社，2025. -- ISBN 978-7-115-66393-1

Ⅰ. B821-49

中国国家版本馆 CIP 数据核字第 202542EU32 号

内 容 提 要

所有看上去高不可攀、深不可测的事情，其实并没有我们想象中的那么难。不要因为别人发光，就觉得自己暗淡。

本书主要聚焦三个关系："自己和他人的关系""自己和自己的关系""自己和世界的关系"，作者通过诚实地面对并剖析自己的问题和情绪，重塑自己的世界观，最终达成"内在世界"和"外在世界"的完美平衡。我们不过分高看别人，也不过分矮化自己，要接纳并且喜欢真实的自己，哪怕这个自己并不为他人喜欢，一个人也可以成为一个世界。世界是一只"纸老虎"，我们不必活成战战兢兢的样子。

本书适合总是不自觉爱和别人对比、在对比中怀疑自己的人，以及经常内耗、不自信、不敢做出改变又不满足当下的人阅读与学习。

◆ 著　　刘　峙
　　责任编辑　王一帆
　　责任印制　彭志环

◆ 人民邮电出版社出版发行　　北京市丰台区成寿寺路 11 号
　　邮编 100164　　电子邮件 315@ptpress.com.cn
　　网址 https://www.ptpress.com.cn
　　北京捷迅佳彩印刷有限公司印刷

◆ 开本：787×1092　1/32
　　印张：7.25　　　　　　　　　　2025 年 3 月第 1 版
　　字数：100 千字　　　　　　　　2025 年 9 月北京第 3 次印刷

定　价：55.00 元

读者服务热线：（010）81055656　印装质量热线：（010）81055316
反盗版热线：（010）81055315

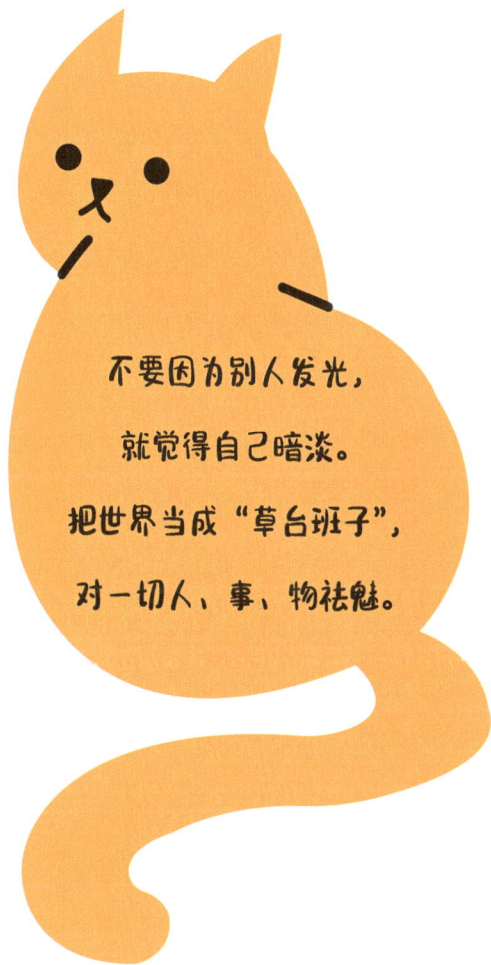

不要因为别人发光，

就觉得自己暗淡。

把世界当成"草台班子"，

对一切人、事、物祛魅。

看好自己，你便拥有了自愈力

二十岁左右，我很惧怕和世界打交道。

那时的我，内向、自卑、敏感。那时的我觉得，世界是一本厚重的书，而我只是其中一个可有可无的逗号。

一眨眼，岁数翻倍，我即将四十岁。

现在的我无比喜欢，甚至迷恋和世界打交道的感觉。现在的我，依旧内向、敏感，但不再觉得内向和敏感是贬义词，也不再自卑。

世界对于现在的我来说，是一座宏伟的图书馆，每个人都是其中的一本书，而我希望自己是被某些人偶然发现后，静静翻阅，并在心里暗暗说上一句"还不错"的一本书。

我还是那个我，我又已不是那个我。

这二十来年，是我的世界观反复破碎又重建的二十来年。我喜欢这种破碎，甚至有时，我会主动拥抱这种破碎，它让我从稚嫩变成熟，它让我从看扁自己走向看好自己。

最初，我以一个局外人的身份面对这个世界，那时，我做不到看好自己，觉得别人都比我强；如今，我完全可以把自己当成这个世界的局内人，渐渐地具备看好自己的特质，我真心觉得，自己其实也还不错。

在现阶段的我看来，与世界打交道无非就是处理好三个关系：自己和他人的关系，自己和自己的关系，自己和世界的关系。它们互相影响，咬合着来促进我的成长。

以前，我处理不好自己和他人的关系，看到别人发光时，就觉得自己暗淡，丝毫不懂得用欣赏的眼光看他们，再借他们的光，让自己也发光；以前，我处理不好自己和自己的关系，我的欲望、情绪和理想像三只强有力，但不听使唤的手，轮番把我整个人往水里摁；以前，我处理不好自己和世界的关系，我觉得这个世界只属于那些特别厉害的人，普通人可能就是做群演的命，于是我在面对很多机会时不敢相信，也不敢争取。

见识了很多人和事之后，我发现，其实每个人都有他闪光的一面，也有他暗淡的一面，我们实在没必要过分高看别人、矮化自己，这样只会给自己制造更多阴影。

想到这里，我整个人便松弛、从容、淡定下来。我用将近二十年的时间，在自己喜欢的写作领域一小步一小步地努力着，从稿费 10 元到稿费 7000 元，从只能发"豆腐块文章"的写手，变成了发表过几百万字的作者。

终于，我也成了别人羡慕的人，成了别人想成为的人。

过去，我曾以为是写作治愈了我。其实不是，归根结底，是我自己在观念上的改变治愈了我。我相信，这样的我，即使不从事写作行业，也可以让自己的生活过得更好。

因为我终于完成了世界观的重塑：这个世界既属于他人，也属于我，这个世界的颜色是由我们一起赋予的。

在这个大大又小小的世界里，我们可以各自发光，我们可以平分秋色。

2024 年 8 月 15 日　山西晋城

目录

第一章

你羡慕的人或事，
只是被你加了"滤镜"

名校毕业或高学历的人的人生，也并不都如意

　　每年高考结束后，自媒体平台总是会出现一大批展示名牌大学录取通知书的人，大学越知名，所发内容底下的评论就越多。评论的内容主要分为两个方向，一个方向是表示恭喜的，另一个方向是替自己即将高考的孩子来沾喜气的。

　　而那些展示普通大学（其实也还不错）录取通知书的内容下面，则鲜少有人评论，只有亲戚朋友的零星留言。

　　这种强烈的对比说明了一个现象：很多人对"名校"或"高学历"有强烈的崇拜感。

有人觉得，考上了名校或有了高学历，就一步踏入了人生的"简单模式"。

其实，名校毕业或高学历的人的人生，也有不为人知的"艰难一面"。

我之前在一家新媒体公司做主管时，面试过清华大学和北京大学的毕业生，最后，他们没有通过面试，原因虽然各有不同，但都指向了一个相同的观点：名校或高学历，并非职场的通行证。

同学 A，毕业 3 年，换了 5 份工作、4 个行业，每份工作都做了不足半年，且中间有大段的空档期。这可能代表她的稳定性比较差，或是她对于自己想做什么、能做什么依旧迷茫，或是她希望在碰运气的过程中碰到一份让自己满意的工作。无论是哪种原因，用这样的人都有风险，哪怕这个人是名校的毕业生。

同学 B，毕业 2 年，在简历上依旧用三分之二的篇幅写他在学校获得的成绩，比如"曾策划过什么大型活动""曾在学生会和社团担任过什么职务""曾拿过什么性质的奖学金"。这样的介绍亮眼吗？答案是亮眼，但仅限于毕业的第一年。如果进入职场两三年后，他依旧没有其他成绩来替代这些成绩，那么他对于职场的适应性，以及成长性，会不可避免地被打上大大的问号：他有能力，但这种能力真的能平移到职场中来吗？

同学 C，毕业 2 年，虽然所学专业和过往的工作经历与公司职位对口，也有拿得出手的成绩，但她在面试沟通的过程中让人非常不舒服。她总是试图用复杂的概念去解释简单的东西，就好像一位文笔很好的作家，总是忍不住炫耀自己的文笔一样，恰到好处的展示还好，否则难免让人觉得她是在刻意卖弄。

这些事实都在告诉我们，哪怕是名校的毕业生，在面试时也会被质疑，被挑剔，甚至被无情地淘汰。

按照世俗的理解，名校毕业或高学历的人应该属于精英中的精英，一旦被投放到市场中，各家公司应该是抢着要的。其实不然。面试官虽然看学历，但不会只看学历，学历和能力的平衡，才是最终的选择标准。

心理学中有个著名的"遮蔽效应"，是指人们如果过度关注某个特定信息，就会忽视未被关注的信息。

同学 A、B、C 之所以找工作频频"碰壁"，就是因为"遮蔽效应"。以前，我们接受的观念如下："好大学 = 好工作"，"好大学 = 好工作随便挑"。

但现实情况真的如此吗？如果是在大学生比较稀缺的年代，这种观念或许奏效。但现在，大部分公司既看重"显性学历"，也看重"隐性学历（如沟通能力、运营能力等）"，两者缺一不可。现在的"职场人"不是用一只手和别人掰手腕，而是用两只手和别人拔河。

基于这种职场观，如果现在让很多公司在"显性学历60分，隐性学历90分"和"显性学历90分，隐性学历60分"的两个人之间做选择，我想它们大概率会选择前者。这也是后来我们公司录取了一个非名校毕业，但是写作和运营能力极其出色，沟通能力也相当不错的人的原因。

"显性学历"不一定能直接转换成工作能力，但"隐性学历"一定可以。

2009年，我刚到北京，去面试某家报社的编辑时，学历并不占优势，当时我和另一个名校毕业生同时竞争一个工作岗位。社长随意打开了腾讯新闻的一个网页，指着一篇文章对我们说："你们看看这篇文章，看完之后重新取个题目，并把你们认为文章中写得不好的部分用红笔标注出来。"

我由于在大学期间发表了几十万字，有相对丰富的写作经验，很快就取好了三个题目，不仅把我认为写得不好的部分标注了出来，还按照我的理解重新写了一遍。

另一个人只是按照社长的要求简单作答，最终的结果：我留，他走。

那是我第一次从心里觉得，面对名校毕业或高学历的人，其实没必要未战先怯。他们有"硬学历"，我们有"硬实力"，硬碰硬，谁赢还是未知数。

学历随着时间的推移可能会贬值，而能力随着时间的推移可能会升值。

我把我的故事，以及上面所有的话都讲给我录取的那个人听，她除了对我录取她表示了感谢，还认同了我的观点。

我说："那接下来我们就一起努力，通过'隐性学历'，也就是写作和运营的实力，创造属于我们的成绩。"

后来，她没有辜负我的信任，在只有 7 万粉丝的公众号平台上，接连写出阅读量"10 万 +""50 万 +""90 万 +"的爆款文章，她的薪水也因此有了一个很不错的涨幅。

我很庆幸，自己初入职场时遇到了给我公平机会去竞争的报社社长，对方的信任改变了，也重塑了我的职场观：即使你的学历不够出色，但当你有一个过硬的技能时，这个技能可以让你在与名校毕业或学历比你高的人竞争时，不落下风。

当时的社长给了我公平竞争的机会，等我有能力时，也给了别人公平竞争的机会。希望被我善待过的那个人在自己有能力时，也能做出和我们一样的选择，让这份善意延续下去，让更多有能力，但学历差一点的人，踏实地坐在属于他们的位置上。

在大公司工作，并没有
我们想象得那么好

2012 年，我去深圳旅游，顺便见一个朋友。他请我到他所在公司的员工餐厅吃饭，然后带我坐公司的大巴车回他住的地方。

整个过程，我都很羡慕。因为他的公司既漂亮，又大气，而且吃饭和坐班车都是免费的。在听到他谈及自己的月薪、加班费和年终奖时，我更羡慕了。

那时，我的年收入和他的年收入相差很多，我在心里默默盘算：他工作一年顶我五年，工作十年就顶我五十年，这个结果太令人心惊了。

然而，2015年，我再次听到的是他去世的消息。

他在2014年买了房子，为了能多赚一些钱，尽快把房贷还清，他连续一年都处于高强度的加班状态中。终于，在又一次加班中，他一头栽到地上，再也没有醒过来。

我参加他的葬礼时，听着他妻子撕心裂肺的哭声，当年的羡慕感消失得无影无踪，随之而来的是难以言喻的复杂情绪。

如果人们面前有两个选择：一个是小公司的工作，月薪10000元，没有其他福利；另一个是大公司的工作，月薪6000元，但有季度奖、年终奖和加班费，有免费的三餐和班车，还有很好的工作环境，人们大概率会选择大公司的工作。

我们来分析一下，6000元是保底可以拿到的工资，人们看重季度奖、年终奖和加班费，就是觉得它们加在一起可以抹平 4000 元的差距，最终到手的钱比 10000 元只多不少。免费的三餐和班车，让那些即使拿不到 10000 元，但能拿到 8000 元～9000 元的人心里有平衡感，毕竟通常情况下，这两项的花销每月也不会低于 2000 元。工作环境好代表工作体面，大部分人不会拒绝一份光鲜亮丽的工作。很多公司在设置工资结构时正是抓住了人们的这些心理。

人们在做选择时，有一个叫"价值排序"的东西在里面起着决定性的作用。

在一个人的价值排序中，如果收入排在第一位，那么哪家公司给的钱多，他就会去哪家；如果收入、体面和福利排在前三位（不分先后顺序），他就会在选择中权衡，可能最终选择的不是收入最高的那份工作，而是综合考虑体面和福利后，选择收入稍微低点的那份工作。

现实中，在工作方面，很少有人价值排序的前三位不是收入、体面和福利，所以，我们才会看到，大家十分热衷于大公司的工作。

当然，也有例外。我之前在某家杂志社工作时，有一个女同事曾经在某家大型互联网公司实习过，实习结束后她也有留下的机会，但她最终选择了自己更喜欢，也相对轻松的杂志社。

我问她："你做这个决定的时候，是怎么想的？很多人都向往大公司的工作，你却反着来，明明有机会留下，却选择了放弃。"

她笑了笑，说："在我的'价值排序'里，赚钱不是第一位的，生活才是。我在杂志社工作，每天可以五点下班，偶尔加班，加班时间不会超过两个小时。如果我继续留在那家互联网公司，能在晚上八九点下班就算早了，说不定要工作到十点，甚至更晚。对于我来说，每天有四五个小时的业余生活太重要了，如果没有，即使再多赚 10000 元，我也不会开心。"

她的这段话对我有很大的影响，让我铭记于心。以至于后来我每次换工作时，都会在心里盘算"这份工作有没有吃掉我'价值排序'里很重要的东西"。

如果有，我会权衡一下再做选择，而不是只奔着收入、体面和福利去。

工作是为了更好地生活，无论是在小公司还是在大公司，我们都是为了把生活过得更好，这是最重要的前提。如果一份工作能让我们提升收入，却让我们缺少对家人的陪伴，我们可能就需要做出调整了。

毕竟，工作只是生活的一部分，不应该，也万万不能成为生活的全部。

否则，我那个深圳的朋友就是前车之鉴，为了工作，为了多赚点钱，牺牲了自己的健康。这种牺牲和伤痛，对于一个家庭来说是不可逆的，也是不可磨灭的。

首先看好自己，其次都是其次

　　我们可能一辈子都没有机会进入大公司工作，但那又如何呢？他们有更高的薪水，我们有更多陪伴家人的时间；他们的工作很体面、很光鲜亮丽，我们的工作也能支撑我们的日常开销；他们好像电视剧里的精英人物，我们过得更有烟火气。

　　两者没有更好，只不过是价值排序下的不同选择罢了。在他们的价值排序里，收入、体面和福利排在前面，而在我们的价值排序里，生活、家人、孩子和健康排在前面。

　　当我们清楚了这些后就会明白，在大公司工作的朋友，可能并不值得我们羡慕，在小公司工作、比我们赚钱多的朋友，可能也不值得我们羡慕。在这套名为"生活"的试卷上，大家各有所失，也各有所得。

工作中的强者，也可能是生活里的弱者

工作中的强者，往往给人雷厉风行、没有任何事能难倒他们的感觉。这种感觉会让旁人觉得他们身上有源源不断的光，是妥妥的"人生赢家"。

其实，这可能只是他们的一面。

我曾经认识一位"女强人"，这里我称呼她为蔺女士。

蔺女士年轻时就到广州打拼，从事饭店服务员、理发店学徒、服装店帮工这3份工作，这3份工作的时间也占据了她最宝贵的10年。后来，她自己创业，从一家不足5

平方米的店铺开始，用 7 年时间，创建了年利润为 1000 万元的服装批发档口。

按理说，能力这么强的她，处理起家庭琐事来应该不需要费什么精力，但恰恰相反，她在工作中发的光，一回到家就暗淡了。

蔺女士的丈夫是陪她白手起家的人，公司步入正轨后，他就做起了"甩手掌柜"，每天做的最正经的事就是接送孩子上下学，其余时间就是在不务正业。

一开始，蔺女士也由着他，毕竟公司能有今天，他也确实跟着吃了不少苦，生意步入正轨后，她一个人也足够应付。

但渐渐地，她发现丈夫脱离了正轨，他不仅喝酒、打牌，还在网上玩起了赌球。她知道的时候，他已经输了 80 万元，他们为此争执不休。

最严重的一次，两个人闹到了民政局，眼看着结婚证就要变成离婚证时，她的丈夫扑通一声给她跪下了，一把鼻涕一把泪地边跟她道歉，边回忆过去一起打拼的经历。

蔺女士是个心软的人，跟他抱着哭作一团，离婚的事也就作罢了。

那之后，他们有过一段比较平静的生活，但好景不长，她的丈夫后来依旧我行我素。蔺女士知道后，两个人免不了一顿吵闹，可是吵闹能解决什么问题呢？既然问题解决不了，蔺女士索性也不再管他的事了。

我和蔺女士断联的时候，她也没有解决这个问题，她问了我一个问题："你说，我做生意的能力为什么不能迁移到夫妻关系里呢？"当时，我没能给出回复。

后来，我找到了答案，但也没有机会告诉她了。

我们每个人心里都应该有一些"底线"，它们是我们为人处世的最低标准和基本要求。如果我们在为人处世方面低于某些标准和要求，有些秩序、关系和利益就会有被破坏的可能。

在生意场上，如果双方遵循彼此的"底线"，生意不难谈拢。因为我们和对方是利益共同体，大家的目的是赚钱，不会故意去挑战彼此的"底线"。蔺女士之所以在工作中游刃有余，无非是把自己的"底线"展示得清清楚楚，把对方的底线也摸得清清楚楚。双方经过长期的合作，建立了"底线默契"。

但是，在婚姻里，如果一个人非常爱另一个人，他的"底线"可能会一低再低。因为爱情总是容易让人盲目。

蔺女士在丈夫做"甩手掌柜"时，选择了忍耐；在丈夫不务正业时，选择了忍耐；在丈夫输掉 80 万元，她选择原谅时，她的"底线"就已经降得无限低。

在婚姻中，如果一个人的"底线"无限低，另一个人大概率会得寸进尺。这就是蔺女士的丈夫输掉 80 万元后，继续我行我素的原因。他心里会觉得：大不了下跪、求情、哭诉，反正她不可能真的对我不管不顾。

一位在生意场上雷厉风行的"女强人"，却陷入婚姻的困局，拿对方没办法，这也是一件让人唏嘘的事。蔺女士的丈夫以婚姻之名，以爱之名对她进行"亲密关系绑架"，蔺女士一次次降低自己的"底线"，为对方放权。

双方各自占有 50% 的原因，却对婚姻造成了 100% 的破坏。

所以，在婚姻中的我们，实在没必要拿其他人的"美好婚姻"做案例来挪揄自己的另一半："你看，他又能赚钱，又顾家（上得厅堂，下得厨房）。"有的我们觉得好的方面最初只是一小块布，它会被我们的想象喂养得越来越大，大到足够遮盖对方婚姻里不好的一面，也顺带遮盖了我们自己婚姻里本来的美好。

同时，我们还要从蔺女士的故事里吸取教训，平时一定要守住婚姻的"底线"。

想要做到这一点，我们需要一点仪式感，夫妻双方可以把自己的"底线"列出来，并用红、黄、蓝三种颜色进行标记。我和妻子列的"底线"如下：

赌博和出轨是绝对的红线，一次都不允许，一旦发现，离婚就是唯一的结果；

不在屋子里抽烟是黄线，发现一次，禁止吸烟一个月，再发现，永久禁止；

袜子换下来不立刻洗是蓝线，发现一次，禁发一个月的零花钱。

两个人既然因为相爱而结合，选择互相扶持，度过以后的几十年，一定要学会"不让爱转化成伤害"的能力，然后强化这种能力，而不是荒废它。

那些不缺钱的人，
也可能缺别的

我曾经认识一个朋友，她家里是做生意的。她在家里的公司工作，每星期只上两天班。她想要的东西只要不是太过分，父母都会满足她。

可是，这样的她并不快乐。

她喜欢音乐，可是不被允许，家人替她做主报了法律专业。她谈过一个对象，可是家人不接受，因为不符合门当户对的原则。结束了这段恋爱后，她有很长一段时间没有再谈恋爱，一个人和一只狗，过了三四年。她想找自己喜欢的工作，可是父母让她进家里的公司帮忙。

她说，她的人生正在一步步变得荒芜。

曾经，我们在北京的朋友家聚餐时，她指着其中的酸辣土豆丝、鱼香肉丝、宫保鸡丁，说："这些菜真好吃，小时候家里没钱的时候，这些都是爸爸妈妈的拿手菜，我上次吃他们亲手做的饭菜，还是十几年前的时候。"

她不在场的时候，我们也会讨论她，后来，一个朋友惊呼："喂，怎么回事？我们一群在北京连 10 平方米的小窝都没有的人，有什么资格同情一个有上亿家产要继承的人呢？"

玩笑归玩笑，有很长一段时间，我还是会忍不住想起这个朋友，并且试图了解一些有钱的父母喜欢操控孩子人生的原因。

后来，我了解到"标签效应"，才猛然醒悟。所谓标签效应，是指人一旦被贴上某种标签，就会自觉地按照这个标签做事。在心理学家看来，标签具有一定程度的导向作用，无论这个标签是好还是坏，它都会对被贴标签的人产生强烈的影响。

在生活中或在艺术作品中，我们经常看到很多中产阶层的家庭不允许自己的孩子自由恋爱，除非他们自由恋爱的对象的家庭，真的和自己家门当户对。否则，父母一定会往门当户对上去引导——因为对于一些中产阶层的人而言，结婚不仅是两个家庭的事，还是两个企业的事。

我们在这里不讨论这种婚姻观的对错，只阐述一个事实——一些中产阶层的人在看到同阶层的人如何对待子女的婚姻时，有可能借鉴对方的方式，最终形成了一个群体的标签。

相比中产阶层的人，普通人的生活里可能没有那么多标签。

谈论婚姻时，我们不必非要讲究门当户对，我们的父母可能参照"只要孩子乐意，只要孩子高兴，我们就没多大意见"的态度，这反倒让我们在婚恋上更自由；谈到工作时，父母的工作和我们的工作是没有利益关联的，这反倒让我们在工作上更自由；谈到理想时，父母这一辈光是养家糊口就耗尽了全部精力，或没有实现自己的理想，或压根就没有时间思考理想，他们对于理想是有缺失的，这反倒给了我们更加宽容的氛围去追逐理想。

如此对比，谁又比谁幸福多少呢？

对于我们追逐的东西，有些人可能生下来就拥有了，因为太容易拥有，反倒不觉得它们是难以获得的东西；对于我们拥有的东西，有些人可能连争取的资格都不一定有。

在互联网上，我经常看到下面这个测试。请从以下 7个选项中选出你最想要的 3 个。

（1）一亿元。

（2）北京的一套四合院。

（3）父母身体健康。

（4）和相爱的人在一起。

（5）月入3万元～5万元。

（6）有个学习成绩好的孩子。

（7）每年多些时间陪伴家人。

在这7个选项中，被人选择最多的是第3、4、5、6、7项。我自己做测试时，也主要从这5项里面挑选。

这足以证明，我们对于金钱的需求程度，远比我们想

象中的低；而对于家人和爱人的重视程度，远比我们想象中的高。

　　所以，关于我们想要的一些东西，也许我们本来就有，或者争取一下就会有。大家千万不要遇到一个家庭条件比我们好很多的人，就给他加上一层滤镜，然后选择性地忽略我们已经拥有的东西，去羡慕我们没有的东西。这样做，除了会让我们已经拥有的重要的东西蒙尘，没有其他作用。

自由职业，
没你想得那么自由

2019 年，我和妻子一起辞职创业，做自媒体，如今已经过去 5 年了。

在这 5 年里，很多人对我说："真羡慕你们是做自由职业的，不用工作也可以有不错的生活。"一开始我还会纠正他们："我们只是不上班，不是不工作。"

解释的次数多了，我便不再解释，要么随便应付两声，要么把话题扯远。

我们做自由职业，看似有大把时间，可以随时去游玩，但其实，我们不敢。以前我们在北京工作时，每月收入稳定在 5 万元，而自己做事以后，没有稳定收入了，一切都要从零开始。在这种情况下，我们怎么敢让自己处于无序自由中呢？

尽管我们工作得很努力，每天早上 7 点起床，工作到第二天凌晨一两点，但第一年的收入也仅仅只有 17 万元，还不如我们以前工作 4 个月的收入。

第一年年底，盘点完收入，妻子开始打退堂鼓，她说："要不我再回北京找个工作？我们两个人，一个人保持稳定，一个人寻找其他可能性，两个人一起做自由职业，我感觉不太靠谱，风险太大了，我心里总是很不安。"

我说："我们第一年能做成这样，既能满足日常开销，还能稍微攒点钱，我是满足的。第一年的首要目标就是不动用积蓄，也可以活下来，我们再坚持坚持！"

2020 年，我敏感地意识到，我们的机会可能来了，因为当时大家的收入都被迫按下了暂停键，那么从别的方面寻求收入的可能性就变大了。于是，我抓紧时间做自己的小红书账号，打开流量入口，同时继续打磨自己的新媒体写作课和小红书运营课，承接好咨询转化。

我的判断是正确的，仅仅 2020 年前 4 个月的收入就和 2019 年整年持平了，而且收入还有继续增加的趋势。但是，我们为此付出的是更多的时间和精力。当家人、朋友邀请我们吃饭时，我们都要见缝插针地挤时间。

做知识付费，看似卖的是知识，其实是时间。因为除了课程以外，我们还要做后端的服务工作，而且后端的工作很重。我的时间因此被切割得很碎。常常是，在指导上个学员和下个学员之间，我只有几分钟的休息时间，仅仅是通过语音通话指导学员写文案，我每天说的话就有四五万字。

我明确地知道，我在用透支身体的办法赚钱。但是这个行业的特性就是这样，我选择做自媒体时就有了心理准备。

比起没流量和无人问津，我更希望我的流量大一些，工作忙一些。

心理学中有一个名词，叫"首因效应"，是指人们通常在第一次接触一个人时会形成鲜明的印象，这个印象会影响人们以后对此人的评价。

人们只是通过自媒体了解了"自由"的我，却没人了解"失去自由"的我。

或者我再说得直白一些，<u>他们羡慕的并不是他们以为的实现时间自由的我，而是他们以为的实现收入自由的我</u>。

我真的实现了收入自由吗？是的，只要我每天持续不断地工作，日入过万元有可能，月入 5 万元、10 万元都有可能。但是，只要我停止工作，我的月收入可能立刻归零。从事自由职业的现状就是这样，一个月和另一个月的收入可能差距巨大。

事实上，在 2023 年，我确实有大半年的时间每月的收入是零，因为我当时做了一个手术。

这个手术，是因为我长期熬夜写作导致的。术后，我的脖子是肿胀、麻木的，我的后脑勺、耳朵和肩膀也都是麻木、没有任何知觉的。这样的我躺在枕头上，像是躺在一块坚硬的砖头上。

我知道，很多人羡慕会写作、能靠写作为生的人，他们觉得这样的人是不用受职场的气的，他们觉得这样的人是名利双收的。当然，这是好的一面，但他们没看到不好的一面。我们也会有被编辑、品牌方区别对待和为难的时候；我们看似名利双收，但这都是靠不断熬夜熬出来的。

当羡慕我们的人在 KTV 唱歌时，我们在电脑前写作；当羡慕我们的人在路边喝啤酒、撸串时，我们在电脑前写作；当羡慕我们的人在睡觉时，我们还在电脑前写作。

相较于其他工作，靠写作为生听起来还不错，但这是以收入自由为"首因"的情况。如果是以牺牲娱乐时间为"首因"呢？如果是以接连被退稿为"首因"呢？如果是以写了很多篇自媒体文案但数据不好为"首因"呢？如果是以灵感枯竭、写不出东西为"首因"呢？

很多人可能就不会羡慕了。

我从来不会单一地以结果为"首因"，去羡慕任何比我收入高的人。因为我知道，在高收入的背后，他们肯定有更多、我想象不到、即使能想象到但也达不到的付出。

例如，我有一个做演员的朋友，他的一部电视剧的片酬达千万元。我绝对不会以高片酬为"首因"去羡慕他，我也不认可很多网友说的"给我这么多钱，让我干什么都行"的言论。因为我知道，他的片酬从几千元涨到几万元的那些年，他走得多么艰难。他能一个人咽下去那些艰难，就已经能淘汰行业里 99% 的人了。

所以，纵使后来他的爆火有运气的成分，我也觉得那是他的实力使然，是他"用热爱，竞未来"的奖赏。

最近几年，特别流行一句话：勇敢的人先享受世界。这句话听上去很热血，但其实它只说了结果，没有说过程。过程便是，勇敢的人先被世界"毒打"，而能扛过这份"毒打"的人，才有资格享受世界。

十全十美的生活，没有人在过

某天晚上睡觉前，妻子问了我一个问题："你上小学时有没有羡慕过别的同学？"

我说："当然有。不止小学，我在初中、高中、大学时都有羡慕的同学。"

妻子扭过身子，看着我，笑着说："都说来听听呗？"

我也从平躺变成侧卧，看着她说："小学时，爸妈早出晚归做生意，顾不上我和妹妹，我比她大两岁，只能硬着头皮承担起做饭的任务。炒菜时，锅里着火了，吓得我倒了满满一锅的水，那顿饭，我们是捞着吃的。后来我学习烙饼，但是做出了一团半生不熟的面团，为了消灭罪证，我打算把它喂给狗，结果狗吓得转身就跑。类似这样的记忆还有很多，那时候，我特别羡慕有爸妈做饭的孩子。初中时，我去县城读书，本来爸爸答应我，如果我考上三中（当地还不错的中学），就奖励我一辆新的自行车，但当我拼命努力，终于以压线的成绩被录取时，爸爸为了省钱，花 20 元给我买了一辆八手的自行车。骑着它，我感觉很丢人。那时候，我特别羡慕有新自行车可以骑的同学。高中时，我住校了，那时我每月的生活费只有 100 元，而我的舍友都有 200 元 ~ 300 元，整个高中生涯我都过得紧巴巴的。那时候，我无比羡慕'财务自由'的同学。大学时，我喜欢上写作，但没有自己的电脑，我要么在笔记本上写，要么去网吧写，那时候，我特别羡慕有自己专属电脑的同学。"

说完这些，我问妻子："你为什么突然问我这个问题？"

妻子说："我上小学时，特别羡慕一个同学，她好像总是有花不完的零花钱。刚才和她聊天时，我发现原来她那时候也在偷偷地羡慕我。她每次来我家找我玩，总能看到我妈变换着花样给我做饭，而她的妈妈很少给她做饭，总是用钱打发她。"

听完这些话，回想着自己的成长经历，我陷入了沉思。

原来，我在羡慕别人的同时，别人也可能在羡慕我。

当我羡慕别的孩子有爸妈做饭时，他们可能羡慕我没有爸妈管，每天想去哪里玩就能去哪里玩。我把童年过得恣意又野性的同时，还早早地把厨艺给锻炼出来了。

我虽然没有新自行车，但每次上作文课，语文老师都会把我的作文当作范文，当着全班同学的面朗读出来，那个时候，有不少人会用羡慕的眼光一次又一次地打量我。

　　我的生活费虽然没有那么充足，但父母给了我最大的自由，让我自己决定选择学文科还是学理科，以及大学的专业。当其他同学和父母为此争吵时，我反而没有这个烦恼。

　　虽然喜欢写作的我没有自己的电脑，可爸爸愿意在我半夜有了灵感、想去网吧写作时，骑车送我到网吧门口，哪怕当时天空在下着大雪，爸爸骑得很艰难。他在我需要信任和支持的时候给了我足够的信任和支持，既然自己的儿子说去网吧是为了写作，他就相信，在他的脑海里，不存在我用"写作的名义"欺骗他们，然后去网吧玩游戏的可能。

　　年轻的时候，我们总是奢望太多，希望家庭是富裕的，父母是贴心的，朋友是仗义的，恋人是可以走入婚姻的，工作是可以有未来的……我们恨不得，一个人把所有好事都占尽。

长大后，我们才发现，原来大家，各有各的缺憾。

我们每个人的人生，都像一组不完整的七巧板，很少有人可以把它们凑齐。有的人缺一块，有的人缺两块，有的人缺三块，有的人缺四块……有的人甚至只有一两块。

原来，十全十美的生活，没有人在过。

年轻的时候，我们羡慕某些人，总觉得他们的生活是十全十美的。但或许，这种十全十美的生活只存在于我们的想象中。可是，这些想象中的画面足以折磨我们一整个青春。

如果在青春结束时，我们还不能把自己从想象中解救出来，就会继续受折磨。被折磨的时间有可能是五年，有可能是十年，甚至有可能是一辈子。

如果你知道麻将怎么玩，就应该清楚地知道，我们不能羡慕别人手里有什么牌，只能尽力把自己手里的牌打好。

为什么离开麻将桌，上了生活的牌桌，你却不记得这件事了呢？

生活，是讲究长期拼搏的，我们不能只看三年、五年，而是要看十年、二十年，甚至是一辈子。

足球、篮球、乒乓球等竞技性比赛的运动员，不会因为对手比自己身价高，比自己知名度高就未战先怯。相反，很多运动员越是面对比自己强很多的人，战斗力越是强悍。因为他们要用出色的表现证明自己，让自己变得更出色。

专业的运动员总是能从第一分钟拼到最后一分钟，哪怕比赛输了，但专业精神不能丢。短暂落后一个球、两个球没关系，只要终场哨声还没响起，他们就会一直拼搏。因为，奇迹总在最后频频上演。

当跳出生活、回看生活时，我们会发现，大家的经历都是高度相似的。很少有人可以拥有全部想要的东西，但也正因为如此，才总有一些东西激励着我们去争取和努力。而这个在争取和努力中收获的过程，比生来就有的"十全七八美"，更美好。

别翻过去，动笔写一写，
发现独一无二的自己。

1. 你觉得自己身上有什么特质是比较珍贵的?

_____

_____

_____

_____

2. 写出你羡慕的人的名字，并列出你羡慕的内容。

_____

_____

_____

_____

3. 如果可以，大胆采访你羡慕的人，问问他们羡慕的人是谁？他们又羡慕对方什么？

_____

_____

_____

_____

4. 拿着他们给出的答案，对比一下自己身上的特质，你可能会发现你在偷偷羡慕别人时，别人也在偷偷羡慕你。

_____

_____

_____

_____

你看别人时，看到的只是一座山的一面，而别人看你时，看到的是这座山的全部。大家都是山，没有谁比谁高大，没有谁比谁巍峨。你口中的"高大和巍峨"，同样可以用来定义你自己。

第二章

在"他世界"和
"内心世界"中找平衡

与世界打交道，
是消耗，也是滋养

有很长一段时间，我妈对我的评价是"你有点瞧不起人"。

我明白，她口中所谓的"我瞧不起的那些人"是指我本该热情对待，却刻意保持距离的人。在那些人中，有亲戚、旧时玩伴和乡亲。

我妈不明白，我刻意保持距离的那些人身上或多或少都有些让我不舒服的毛病，如借钱不还、搬弄是非、拜高踩低、浑浑噩噩度日。

但我不能跟她明说，我了解她，我一旦说了，她下面要说的一定是"谁身上还没点毛病啊？你就敢说自己没有缺点吗？自己也就 50 分，还嫌弃别人"。

为了防止母子关系恶化，我索性不解释了，任由她误解我。

我相信，随着时间的推移和我们的共同成长，早晚有一天，她会理解我。

我知道，我并不是一个 100 分的人，甚至可能连 50 分也没有，起码在我妈给我下定义的那个阶段，我自己也是那样认为的。

那个阶段的我，对于自己将来想成为什么样的人，没有一点具象的想法，但我很清楚自己不想成为什么样的人。我不想成为我本能想远离的那些人。

所以，我刻意不让自己对想远离的那些人表露出太多热情，其实也是在开启"自我保护机制"。毕竟那个阶段的我，对于社交的理解就是，人和人打交道，就是在进行能量转移。

我不喜欢他们，更不想成为他们。我不知道如何和他们打交道，就只能尽可能地远离他们，不让他们的负能量转移到我身上。既然做不到人际关系上的远离，我就先从心理上远离他们。

我没打算成为100分的人，但是，对于努力成为80分的人这件事，我还是十分感兴趣的。要想做到这一点，只是远离自己不愿意靠近的人还不够，我还要接近我想成为的人。

我希望自己能成为一个言而有信、知行合一、有目标感、敢于随时打破自己再重建的人。所以，在过去长达十年的时间里，我一直在寻找这样的人，并且希望被他们影响，完成自我优化。

言而有信，包括一切言必出、行必果。无论是过去的我，还是现在的我，都无比坚定地认为这是一种很可贵的品质。所以，我一直在锤炼这种品质，小到向别人借一本书，大到向别人借钱、借车，我都会按时归还，并且不会让别人挑出毛病。

借别人的书时，我绝对不会把书弄脏、弄破，更不会让书的内页有折痕。借别人的钱时，我会准时归还，并且奉上一个红包作为利息，或者送出一份礼物作为感谢，因为借钱不只是借钱，还代表一份情谊和信任。借别人的车时，我会像开自己的车一样爱惜，归还时，我会把车洗干净，把油加满。因为我被别人这么对待过，我觉得很舒服，便也会这样对待别人。

知行合一，是一种境界，并且是一种很难到达的境界。要想到达或接近这种境界，我们势必要经历一番类似苦行僧经历的修行。

如果你暂时没办法从大事入手，就从身边的小事做起。例如，作为一名写手，我眼见很多知名写手因为抄袭、洗稿而声名狼藉，甚至被杂志社、出版社、读者拉入黑名单，我不断告诫自己："知道这件事不对，就一定不能碰，一次都不行。"再如，作为在海边生活的人，我每年都要被十几条"有人溺水身亡"的新闻反复"教育"——大海凶起来是要"吃人"的。所以我从不到海水没过膝盖的地方玩，我还要求家人和朋友都遵守这条保命原则。又如，我看到很多人因为在外面和陌生人起争执而引发斗殴事件，轻者受伤，重者丧命，我就不断告诫自己，千万不要与人起冲突，一时的忍耐体现的是把家人前置的责任感。

过去，我有很严重的拖延症。这种拖延的毛病源自学生时代，那时候我总是把作业拖到假期的最后，实在不能再拖了，才开始拼命赶作业。当时的我是一个很没有目标感的人。

开始写作以后，我有过几次很严重的拖延经历，最后杂志社只能非常着急地等我的稿子，我要是交不上，对方可能就要"开天窗"。虽然最后我把稿子交上去了，却丢失了编辑对我的信任，因此，我错过了几次很宝贵的机会。所以，在过去十年的大部分时间里，我都在培养自己的目标感，让自己不仅能在规定时间内，还能提前完成写作任务。很庆幸，我在辞职做自媒体之前，改掉了拖延症，让自己的行动变得有条理、有步骤、目标感十足。

打破自己再重建，对于很多人来说是痛苦的。因为这意味着从熟悉到陌生，从容易到困难，从相信自己到否定自己，但这份痛苦仅限于初期，等收到"打破自己"和"重建自己"的正向反馈后，你便会对此上瘾，因为它代表的不是"进步"，而是"进化"，更代表了你从"陈旧的自己"变成了"崭新的自己"。

有句话是这样说的：你身边五个人的平均分数，就是你的真正分数。和一些朋友在一起时，我们主要做一些娱乐类的事情。而和一些文友在一起时，我们讨论最多的事情是哪家杂志社给的稿费高，某家杂志社喜欢什么样的稿子，某家出版社最近缺什么类型的书稿，某位作家最近哪本书写得不错等。

十年后，当我再和我妈聊起她曾给我贴过的"你有点瞧不起人"的标签时，不知道她是真的忘了，还是觉得我不是那样的人了，她矢口否认道："瞎说，我说过那样的话吗？"

答案已经不重要了。重要的是，我没有成为她担心我会成为的那些人，我成了她口中"争气、清醒、知道自己想要什么"的人。

别让"他世界",给你的"内心世界"制造阴影

我第一次正式与世界打交道,是在高中住校期间,当时我第一次意识到人和人之间是有差距的。这种认知让我心里滋生出了名为"自卑"的情结。

在此之前的小学和初中,虽然我也能感知到我家和其他同学家是有差距的,但那种差距不足以让我自卑。到了高中,当大家都不再穿校服,且每天都需要朝夕相对时,有些差距就明显了。

我记得那个时候,我身上的衣服加在一起还没有舍友的一件衬衫贵;我一个月的生活费只有100元,而其他同学的生活费是我的 2 倍～3 倍；我如果想买一份学习资料，要在心里排练很久才敢向父母开口，怕给他们增加负担，而其他同学的家人总能及时地把最新的学习资料送到学校……

像这样的情况还有很多，它们像同学们请的"打手"，在别人不知道的时候偷偷"群殴"了我很多次。而我对此没有任何招架之力，只能被动"挨打"。之后，我再一个人悄悄治愈那些我看不见，别人也看不见，但确实存在的"伤口"。

进入大学后，这些差距更加明显。当我意识到自己不能再被这些差距继续消耗心力时，我决定转移注意力，给自己找点事情干。

我开始尝试写作，每天除了上课，就是写小说。半年内，我写了三十多篇小说，虽然这些文字都没有获得发表，但编辑一次又一次的退稿建议，给了我继续坚持的动力。

终于，第七个月时，我发表了第一篇小说（6500字），稿费是325元。这让每月生活费只有400元的我，开心了很久。我甚至在拿到稿费的第一时间就打电话跟爸妈说了大话："或许，你们以后不用再给我生活费了，我可以自己养活自己了。"

后来，随着我发表的小说越来越多，稿费也越来越高，甚至有几个月，我的月收入可以稳定在2000元～3000元。在手头宽裕后，我并没有急着买当时的同学们都喜欢的鞋子和衣服，也没有急着买当时大家几乎人手一部的超薄随身听，而是买了一部电脑，并在外面租了一套房子，以便心无旁骛地继续创作。

等到我的稿费积攒到我可以随时买我以前羡慕的那些东西的时候，我突然发现，那些东西，竟然对我没有任何吸引力了。

我更希望把钱花在喜欢的杂志上，因为相较于物质方面的攀比，我更希望自己去和喜欢的作者"攀比"，去学习他们遣词造句及构思故事的能力，然后超越他们。

而"攀比"，对那时的我来说也从一个贬义词变成了一个褒义词。看了很多杂志的我，写作能力突飞猛进，我明显感觉到自己进步了，因为当时我的很多稿子都是"一稿过"，不需要做太多修改。

后来的很多年，我一直没有复盘过当时的我心态转变的具体原因。究竟是什么原因让和世界打交道时自卑怯懦的我，突然自信起来了呢？当时的我只是简单地按照世俗的理解，把金钱归为原因，认为是收入的增加改变了我的心态。

直到很多年后，我看到一个心理学名词"追蛇理论"，才恍然大悟。当时，我的心态之所以发生巨大的改变，并不是因为收入的增加，而是因为行为的改变。

如果我们被毒蛇咬到，最理智的做法应该是立刻采取急救措施，清除毒液，以防毒液扩散，而不是不理性地用棍棒追着毒蛇打，企图消灭它。

但是我在整个高中，以及大一的上半年，都把注意力放到自己和别人的差距上。这无异于我拿着一根隐形的棍棒，傻傻地和"咬"我的"毒蛇"做斗争。结果就是，我内耗了三年半，精疲力竭，却没能改变任何事情，任由它的毒液"毒害"了我三年半。不过幸好，在大一下半年，我通过写作完成了自救，把"毒液"及时清除了，没有任由它继续毒害我五年、十年，甚至一辈子。

我们作为个体，在与世界打交道时，是相对弱势的。这种弱就好像人之于毒蛇，我们有天然的胆怯心理。如果我们没办法战胜它，就会被它的阴影长久笼罩；如果我们战胜了它，战胜它的过程就会成为一只无形的手—— 一只可以拨云见日的手。

在我们与世界打交道的过程中，和其他人的差距就像一条"毒蛇"，十几岁、二十几岁时的我们是没有与之一战的能力的。我们唯一能做的，也最有效的事情是，找一件自己感兴趣的事，让它牵制住我们的注意力，把消耗自己的时间用来滋养自己。真的不需要太长时间，三年足够了，即使我们只能发出微光，也好过在和别人的对比中不断进行自我贬低。

我们可以随时自定义自己的世界。

在"失序"中寻找"有序"

知乎平台上曾经有过一个很热的话题：那些经常在工作日逛街、不上班的人，究竟是靠什么在生活呢？

我不知道别人，我自己是靠写作。

我从大学时期开始写作，但凡当年卖得还不错的杂志，我几乎都在上面发表过文章。后来，由于电子阅读的冲击，杂志纷纷停刊，我便不再以写作为生，开始在出版社、新媒体公司做编辑，这个阶段持续了整整十年。

2019 年，眼见着身边很多写小说的文友都转型做自媒体，且有了不错的成绩，我希望自己以写作为生的想法再次蠢蠢欲动。没错，是再次，因为在这之前的 2014 年和 2016 年，我已经尝试过辞职做自媒体，但最后都以失败告终，每次坚持的时间不超过三个月。

这两次失败的经历让我觉得，那时的我或许是能力不够，或许是做事的时机不对。直到第三次，我成功了，从 2019 年辞职到现在，我已经整整五年没上班了。复盘时，我才清楚地意识到，当初的我不是能力不够，更不是做事的时机不对，只是不懂得在"失序"中寻找"有序"。

一个人，如果有长期固定的工作，他的时间就是"有序"的。

我在北京工作时，在工作日的 7：30—8：30，我一定是在去上班的地铁里；在 9：00—11：30 和 13：30—18：00，我或者在工位审稿、校稿，或者和同事在办公室开会；在

18：30—19：30，我大概率在回家的地铁里（偶尔加班）；在 20：00—21：00，我大概率是在家里做饭、吃饭（不加班的情况下）。

但是，如果我是自由撰稿人，我的时间就是"失序"的。哪怕我能在 9：00 准时坐到电脑桌前准备写作，在 9：00—11：30 的这段时间里，也总会有其他干扰我的事情让我在不知不觉间离开电脑桌，而且不止一件事。

上午是这样，下午是这样，晚上依旧是这样，如此这般重复，我又没办法进行自我纠错，便很难做到像以前那样专注地工作。荒废一天可以，但荒废一个星期、一个月，也是眨眼间的事。这就是我前两次辞职后，都没办法创作出作品的原因，我的"失序感"太重了。

为了让第三次做自媒体不再像之前两次一样失败，我请教了一位以前合作过的知名作家。

我问她："你每年都可以稳定地写一本书，连续坚持了十年，并且那些书的内容都很好，卖得很不错，你是怎么管理你的时间的？"

她说："其实我真正写作的时间很短，每年大概两个月，其余的时间我就是把自己扔到生活中，扔到人际关系中，去经历，去吸收，去成长，去感悟，去总结。等我再去写作时，我就是能量十足且专注力十足的人。无论是写10万字，还是写20万字的书，我都可以在两个月内一气呵成，而且能留出充足的时间，保证不少于五遍的修改。"

我又问："在那两个月内，你有时间表吗？方便的话，发来看看呗？"她说："有的，我给你找找。"

然后，我就看到了那个让我十分震惊的时间表。

在那个时间表里，她真的把时间规划得十分细致，细致到做饭用多长时间、吃饭用多长时间、洗澡用多长时间、逛超市用多长时间、娱乐用多长时间、陪家人用多长时间都一清二楚，而且所有时间都有明确的时间段，甚至那个时间表里完全没有朋友的存在感。

她说："在那两个月里，我可以短暂做回妈妈、妻子和女儿，但那两个月的我是没有朋友的，无论谁喊我吃饭、逛街、看电影或唱歌，我都会拒绝。在那两个月里，我的第一身份一定是作者。"

和她聊过后，我意识到，在任何一个行业闪闪发光、走到金字塔尖的人，必须做到一些常人做不到的事情。而我对她的总结就是"身份锚定"。

我过去辞职过两次，想转型自由撰稿人，之所以失败，就是因为对自己的身份锚定不够坚定。朋友喊我去打台球，我便把作者的身份抛到一边，跟着他去了；朋友喊我去唱歌，我又去了；亲戚有事喊我帮忙，我依旧如此。

当你给别人释放的信号是你可以随时被打扰时，打扰就会一直缠着你。你的身份就会越来越模糊，基于该身份的成绩自然会离你而去，然后落在"身份锚定"更强的人身上。

想通了这一点后，我果断和妻子离开了老家，在青岛定居，在这个没有任何朋友打扰我们的城市，我们可以心无旁骛地工作。

在青岛的第一年，我们没有任何多余的社交，做到了第一年的收入和支出持平，没有动用积蓄。虽然这离我们心里的目标还很远，但我已很知足。第二年，我们实现了收入翻倍。第三年，我们实现了单月收入破 5 万元、10 万元，甚至年收入破 100 万元的目标。

我们在让自己的时间变得"有序"的同时，也让自己的身份变得更加坚定，在辞职创业的前三年，我们的身份就是"自媒体人"。

自媒体人，绝不等于收入自由的人。只有足够的自律和坚定，才能带来收入上的相对自由。

"与我有关的"和"与我无关的"

我教学员在新媒体平台写作的那段时间里，有学员给我取过一个外号：选题哆啦A梦。

学员之所以这样称呼我，是因为无论谁，在任何时候跟我要选题，我或者能很快提供给他们，或者能根据他们转发过来的信息，整合后很快提取想法给他们。那些选题好像是我从口袋里掏出来的。

学员们根据那些选题写出了不错的文章，并把文章发表在了百万、千万级粉丝的公众号上。他们的稿费和知名度，也因此有了不错的提升。这种事发生的次数多了，便总有学员说:"刘老师,我好想众筹买你的脑子,买过来研究研究,你到底是怎么做到的?"其他学员也跟着附和:"想众筹+1,想众筹+2,想众筹+3,想众筹+4……"

我是怎么做到的呢?看似信手拈来的背后,其实包含着无数心血和付出。

我跟学员们说:"我的阅读量足够大,我每天花在阅读上的时间可能是你们的十倍、百倍。在我看来,阅读不止局限在读书。听一首歌,看一幅画,浏览一个短视频,在街上、商场里观察广告文案,和别人聊天等在我看来都是'阅读'。基于这些'阅读',再加上自己的思考,那些选题或沉淀在了我的脑子里,或被我记在了小本子上,或被我放到了 Word 文档里,我需要的时候可以随时提取。即使遇到没有看过的信息,由于我已经掌握了多种提取选题的方法,且长时间用文字和读者打交道,因此我能很快判断出读者想看什么。当然,最重要的是,我也花了大量时间研究各个公众号的编辑喜欢什么方向的选题。所以,我总能带着你们投其所好。"

我并没有夸大，当时的我，作为一名讲新媒体写作的老师，一个人同时服务上百人，每个月要给学员上千个选题。这些选题从何而来？这一度是一个让我十分头疼的问题。

为了不让学员失望，我几乎把时间都花在了各个平台上，优酷、爱奇艺、腾讯、咪咕等 App 的会员我全部都有。只要是热门的综艺、电影、电视剧，我都会花时间看，不光看，我还会根据其中有共鸣、有话题的片段来提取选题，然后发给学员。无数次经历证明，每一个优质的选题都能让学员十倍、百倍地把学费赚回来。

除此之外，我也会时时关注微博、抖音、小红书上的热点，并把它们转化成有书写价值的选题。为了帮助学员理解这些选题怎么写，有时候我还会跟学员剖析不同的写作框架，如怎样写适合 A 公众号，怎样写适合 B 公众号，怎样写适合 C 公众号。如此这般，很多时候，一个选题可以有多种不同的写法，我们真正做到了"一鱼多吃"。

可能有人会有疑问："你怎么有那么多时间？"没时间看就听，我可以在做饭的时候听，在洗澡的时候听，在做家务的时候听，在开车的时候听。只要你觉得这件事对你来说是重要的，是必须做的，是必须做好的，就不存在没有时间这回事。除非你对它并没有那么热爱，也觉得它并没有那么重要。

在那段时间里，毫不夸张地说，我真的做到了200%开发自己，让"写作与我有关"，也做到了"让与写作无关的与我无关"。因此，我在那段时间根本不需要大力宣传，就会有源源不断的新学员联系我——他们中的大部分人来自老学员的转介绍，有的学员因为在我这里学习后受益了，写作水平提升了，稿费增长了，自然愿意把自己的文友也推荐到我这里来学习。

我谈这些没有丝毫炫耀的意思，我只是想说一个很简

单，但是被很多人忽视的道理：**当你想在一个领域拿到结**
果，过程却不是很如意时，或许不是因为你的天赋不够，
更不是因为你的选择不对，可能只是因为你在这个领域花
的时间不够，不够沉浸，不够享受。

我是农民的孩子，从小就跟着父母下地干活，骨子里
是很相信"一分耕耘一分收获"的。如果你也有跟父母下
地的经历，你一定能明白我在说什么：那些没杂草的农田，
并不是田里天生不长杂草，一定是在你不知道的时候，农
田的主人一次又一次把没长成气候的杂草给除掉了；那些
果子明显长得比别人家的果子好的果园，背后一定离不开
果园主人一次又一次挥汗如雨的侍弄；那些丰收的农田，
一定离不开农民日复一日地辛勤栽培。而那些充满杂草、
收成不好的农田和果园，背后肯定都有一个懒散的主人。

我们的兴趣爱好，我们选择的领域，我们赖以生存的
技能，其实都是我们的一块田地，我们想要这块田地丰收，
就必须让它与自己产生关系，而不是撒下种子后就坐等丰

收。在我和田地接触的小十年里，我没有见过任何一块丰收田地的主人是撒下种子后就坐等丰收的。同样，我长大后，也从未见过哪个领域的人仅凭天赋，仅凭嘴上的热爱，就能取得成绩。

你是樵夫，他是放羊人，你每次上山砍柴，都被放羊人叫着聊天，聊了一天后，他带着吃饱的羊下山了，而你两肩空空，什么都没有获得。

每次看到这个故事，我都会提醒自己，时刻记着当下的身份，千万不能做那个"没有柴的樵夫"。同时，我也时刻警惕身边的"放羊人"，时刻和他们保持距离，以免因为"不小心"，被他们荒废了一天又一天。

要想在一个领域取得成绩，真的不需要很久，三五年足够。在这三五年里，你要时刻记得你的山在哪里，你的柴在哪里，同时，避开可能有"放羊人"的路，让自己只与山有关，让自己只与柴有关，你就永远不会两肩空空地下山。

让他人是他人，让自己是自己

在抖音平台浏览短视频时，我看到一个博主，果断点了关注。

他吸引我的地方：生命力旺盛。

2008 年，汶川地震，他失去了两条胳膊，那时他只有 14 岁。16 年过去了，30 岁的他结了婚，又离了婚，独自带着一个女儿生活。

他赖以生存的方式是摆摊卖快餐，他的视频内容很单调，就是拍摄他做饭和卖饭的过程。不过，和别人不一样的是，别人用手，他用脚。他用脚洗菜，用脚夹着铲子炒菜，把饭菜递给别人时，他也是用脚。他的视频内容虽然很普通，但数据特别好。

有网友在他的视频下面评论："虽然……但是……用脚真的卫生吗？"

第二个网友回复："从他第一年摆摊时，我们不想做饭了，就会在他家买着吃，一个星期平均光顾三四次。我们吃其他家的外卖经常闹肚子，吃他家的外卖就不会。"

第二个网友的评论获得了过万的点赞量。这些点赞量是给网友的，也是给博主的。

也总有网友是第一次看到博主的视频，会八卦地问他："怎么回事？手呢？"

博主大多数时候不回复，他或许是不想过多谈论那段记忆，或许是怕说多了，会让人觉得自己在"卖惨"。但是，他偶尔也会幽默地说："我毕业了，但我的手还没有，它们留在学校了。"

有网友给他提建议："做快餐多辛苦啊！听我的，你应该开直播，带货，带货肯定比做快餐赚钱多。你知道其他坐拥百万粉丝的账号每个月能赚多少钱吗？"

博主回复："谢谢建议，但我还是喜欢做快餐，因为我的这种特殊情况，我已经获得太多人的照顾了，我就不过多消耗别人的爱心了。"在回复的后面，他还附带了一个笑脸。

在这个博主身上，我感受到了很多身体健全的人缺少的东西：让他人是他人，让自己是自己。我忍不住把他的视频都看了一遍，越看越动容，越看越感动。

这个博主，太懂得知足，也太有生活智慧了。

别人问他的手，他说："幸好，我失去的只是手，而不是生命。"

别人问他的婚姻，他说："她选择离开我，我也可以理解，我还是会祝福她。她能给我一段婚姻，给我的后半辈子留下一个孩子，给我一段这样的缘分，我知足了。"

别人问他的收入，他说："我这样的人，找份普通的工作是奢侈的，没人会雇用我。我现在这样只靠自己，挺好的。我赚的钱足够用，大家不用担心，也不用可怜我。我真的没什么值得可怜的。"

别人问他对于未来的展望，他说："我应该是不会再婚了，我只希望能好好把孩子带大，让她身心健康地过一辈子。还好，我的女儿足够懂事，也很心疼我。在镜头外，很多时候，她会帮我一起择菜、洗菜和做饭。"

我一边看他的视频，一边吧嗒吧嗒掉眼泪。

眼泪，为他的坚强而流，为他的知足而流，为他的清醒而流，为他的通透而流，为他的责任感而流，但最终都为他的生命力而流。

和他相比，我们幸福太多了。但是很多人不肯"让他人是他人，让自己是自己"，总在和别人的对比中，抹杀已有的幸福。

明明，我们已经拥有了三室一厅的房子，却还是会羡慕那些住独栋别墅的人；明明，我们已经拥有了二三十万的车子，却还是会羡慕那些开百万、千万豪车的人；明明，我们已经可以做到每天想吃什么就吃什么，却还是会羡慕那些为一顿饭豪掷千金的人；明明，我们的父母和孩子，以及我们自己都健健康康，却还是期望更多，期望过上所谓的"人上人"的生活。

幸福，是对比出来的。不幸，也是。

如果我们无论过得怎么样，都总觉得别人拥有的比自己拥有的更多，就等于画地为牢。

看过他所有的视频后，我无比坚信"让他人是他人，让自己是自己"是一种很稀缺、很珍贵的能力。缺失了这种能力，我们的生命力不会旺盛。

试想一下，如果这样一个博主没有这份豁达的心态，每天沉溺在失去中，整天抱怨为什么上天对自己如此不公，他的日子会过成现在的样子吗？他会收获百万粉丝对他的喜欢吗？他会有一批固定且庞大的忠实客户吗？

答案都是不会。

如果他缺少乐观的心态，别说十年，即使是二十年、三十年，他也不一定能从失去双手的痛苦中走出来。这份痛苦，会成为关住他的牢笼，他会把自己困在里面一辈子。

但他没有沉溺在痛苦中，灾难收回了他的双手，这已成为不可逆的事实。他就选择接受，也只能接受。但他不是选择认命，而是选择用双脚创造另一种未来。他没有选择向生活下跪，而是选择用双脚来抗争命运的不公。

在他心里，别人的生活过得怎么样，别人如何看待和定义他，已经与他彻底无关。在他心里，与他有关的只剩下如何用双脚撑起自己，也撑起女儿的一片天。

再闪亮的他人，也只是我们世界的群演

　　我想问一下：如果让你根据自己的成长经历写一本书，你会安排什么人做主角？你又会在其中扮演什么角色？

　　别着急回答，你可以仔细想想。在回答前，你不妨听听我的经历。

　　小学时，我是一个内向又自卑的小孩，为了讨好村子里的小伙伴，我竟然带着他们去偷我家的西瓜。爸妈知道后，把我臭骂了一顿。后来，这段经历被爸妈反复提起，他们每次提起这件事，都会觉得我很傻。

我傻吗？或许吧。但他们不明白的是，小时候，我的世界的主角不是我自己，也不是他们，因为他们在我的世界里的存在感并不强。为了养家，他们每天早出晚归，常常是我还没睡醒，他们就已经出门了，星星已经在天上开了很久的会了，他们还没回来。

那段时间，我需要从别人身上寻找缺失的陪伴感。

为了合群，我和其他小伙伴一起做了很多我心里并不认可的事。比如，我们去偷别人家的地瓜、西红柿、黄瓜、草莓、苹果，去河里游泳等。

在做这一切的时候，我心里开心吗？并不。我甚至是战战兢兢的。

但是，这样的他们在小时候的我的世界里就是"闪光"的，他们代表另一种活法，我觉得他们的小脑袋瓜里总是有无数个想法去打发漫长的时间。

于是，在整个小学生涯里，我觉得他们是主演，我是小跟班。

初中时，我去县城上学，儿时的小伙伴们全部黯然失色，他们不再是我世界里的主角，甚至连群演都不是了。我的世界的主角换成了一批学习很厉害的同学。这些同学早在小学时就已经学过英语了，当我还在和"A、B、C、D"的发音较劲时，他们已经能高声朗读英语课文了。

在他们的映衬下，我的存在就像沙滩上的一粒沙子，而他们是肆意翻滚的浪花。我反复接受着他们的冲击，不知所措。

幸好我喜欢写作和听歌，我的语文成绩和英语成绩迅速提了上去，这让我慢慢获得了一些自信，但我仍然不觉得自己可以与"浪花"为伍，我充其量从一粒沙子变成了一颗稍微有点分量的石子，不再那么容易被浪花裹挟着滚来滚去了。

高中时，我开始住校，我的世界再次更换主角：他们是在篮球场上高高跃起，精准投中三分球的人；他们是在足球场上能够从一支球队中脱颖而出的人；他们是不被束缚，活成了青春该有的样子的人。

无论我怎么努力，也成不了篮球场和足球场上的焦点人物。我的性格本就内向、自卑，理所当然也不会被人喜欢。我只能在自己暗淡的青春里，旁观着其他人身上的光。

我在大学成为焦点，源于一场意外。军训结束后，大家一起在操场上做游戏，有人把一顶帽子丢掉我面前，我来不及反应，便成了被推上去唱歌的那个人。

那是 2005 年，周杰伦火得一塌糊涂，我唱了一首《世界末日》，同学们很兴奋，尤其是女生，她们纷纷搬起旁边的花盆走向我。我那时是呆的，心里还有一点小窃喜：原来我也有今天？

接下来，同学们纷纷起哄，我又唱了一首《七里香》和一首《轨迹》。那时，我看到别的班的同学也朝我这边走来，场面一度有点失控。

同学们失控不仅是因为我唱了周杰伦的歌，还因为那个阶段的我长得有八分像周杰伦。

第二天，我的名字就传遍了外语学院，大家都知道了商务日语一班有一个长得像周杰伦的人，而且他唱歌唱得还不错。

后来的日子，我走在路上，有人会看着我和旁边的人窃窃私语，也有不认识的人主动向我打招呼。

在这里，我必须坦然承认，在那个阶段，我是有些飘飘然的。这种从不被关注到突然成为焦点的感觉，就好像一个穷人突然中了彩票一等奖一样。

但这种事情，来也一阵风，去也一阵风。很快，我走在人群中就又像雨滴融于水了。

那时候，我脑海里突然冒出一句话：<u>再闪亮的人，终究也只是别人世界的群演</u>。

这句话和这段经历，让我的世界豁然开朗。我不再纠结于小学、初中、高中阶段的自己的存在感有多低。那些曾经在我的世界里很有存在感的人，不也被时光的洪流带去了未知的地方吗？就好像我曾经带给外语学院的轰动，也早已恢复平静。

后来，我再也没有在学校的公共场合唱歌，一头扎进了写作的世界里。

唱歌，唱不出未来，但是，写作或许可以。

随着我发表的文字越来越多，我比很多同龄人更早地过上了自己养活自己的生活。这也让我心里的自卑感慢慢消失，我开始逐步建立起自信。

这份自信是写作带给我的，也是稿费的正向反馈带给我的，更是我的自我觉醒带给我的。

和很多人比起来，我是幸福的，也是幸运的。我用一整个青春，完成了世界观的重建。更幸运的是，我仅仅用了半年时间，就找到了自己可以坚持一生的爱好。

我很感谢大学的这段经历，它把我的心彻底打开了。<u>当我不再封闭自己，不再觉得自己一无是处，允许光照进来后，我也成了光本身。</u>

大学毕业后，我很少在意身边人的光芒。他们发他们的光，我发我的光，谁都没办法遮盖谁的光芒。

<u>从那时起，我真正做到了"我的世界由我自己定义"，</u>

我要做自己世界的编剧和主演，别人再闪亮，也只是我世界里的群演，我不会再让他们抢戏，更不会主动给他们加戏。

现在，我想回到最初的问题：如果让你根据自己的成长经历写一本书，你会安排什么人做主角？你又会在其中扮演什么角色？

你心里有答案了吗？如果这个答案并不是你想要的，你又该如何改变呢？

☀ 别翻过去，动笔写一写，
发现独一无二的自己。

1. 你会轻易被别人影响吗？请举一个最近的例子，并列出他对你造成的负面影响。

_____

_____

_____

_____

2. 把影响你的人的名字写在下面，尽可能写大一些，在他的名字旁边写下你的名字，尽可能写小一些。

_____

_____

_____

_____

3. 把影响你的人的名字写在下面，尽可能写小一些，在他的名字旁边写下你的名字，尽可能写大一些。你发现了什么？所谓的放大或缩小是由我操控的。当你被别人轻易影响时，是什么在操控你的情绪呢？想一想，写在下面。

_____

_____

_____

_____

记住一句话：不需要任何人介入，你本身就具备"大事化小"和"小事化了"的能力，当你意识到，别人不好的行为和言语即将影响你的时候，你完全可以把心里的"影响开关"调小，甚至彻底关掉。

☀ **别翻过去，动笔画一画，读懂自己的真实内心。**

请用铅笔画一幅包括房子、树木、人物在内的画。

（全网搜索"房树人心理测试"，获取绘画分析。）

第三章

亲手摘掉，
自己给自己制造的枷锁

别过度迷信自己的判断

我有一个高中同学，他前几年开了一家板面店。

因为手头的资金有限，也因为不想在店面装修上多花钱，最终，他选了一个人流量不大，也不好寻找，更不好停车的地方开店。

那时的他对自己的手艺很自信，深信酒香不怕巷子深。

板面店开业时，我们几个同学去捧场，尝完面的味道后就沉默了。板面在我们河北，相当于川渝地区的冒菜，陕西的凉皮，广东的肠粉和湖南的米线。我们一口下去就知道好不好吃。

第一口下去，我就判断，这家店的经营时间可能不会太长。毕竟板面味道一般，店铺位置也一般，生意从何而来？

果然，没撑过半年，他的板面店就经营不下去了。我们又去帮他搬家。

在收拾东西的过程中，我问他："你有没有总结这次失败的原因呀？如果总结到位，花钱能买到经验教训也是值得的，起码你不会再犯同样的错误。"

万万没想到，他回答："咱这板面的味道绝对没问题。我也吃过别人家的板面，在咱们县城，我做的板面的味道起码排前三。这次失败的原因在于，大家在板面之外有了更多的选择。"

我没有再接话。因为在北京工作多年的我深知，无论做什么产品，最忌讳的就是在对自己的产品太过自信的同时，还对自己的判断太过自信。一个人一旦被这两种自信绑架，就会丧失一种能力：遇事，从自己身上找原因。

不懂得反思自己的人总是在为自己的错误判断买单。如果他们不能突破"过度迷信自己的判断"这个禁锢，他们会"干一次，败一次；做一行，不行一行"。

一年后，我这个高中同学又开了一家驴肉火烧店，店铺的选址还不错，但食物的味道还是很一般，他依旧是"还未出师，就觉得自己学艺已精"。仓促开店的结果是，这家店也没能熬过半年。两次创业让他赔了快十万元，他再也不敢创业，老老实实上班去了。

像他这样依靠自己有限的判断去做决定，没有做任何市场调研，更没有做前、中、后期复盘的人不在少数。

前几天，我在浏览微博平台时，看到一个演员透露，他在 2023 年错过了一部爆款电视剧。

他拒绝邀约的理由看似很充分，其实他的判断过于狭隘，也过于依靠过去的经验。

他觉得这部电视剧没有爆火的可能，毕竟资金投入不大，演员不够知名，导演也并不十分有名气。其实影视行业的逻辑已经变了，现在不再是靠增加流量型演员和投资金额就可以赚得盆满钵满的时期了。

这部电视剧爆火的一个原因是剧本过硬，另一个原因是制作方懂得借助自媒体平台宣传。从电视剧播出开始，每一集几乎都有几个引人共鸣的话题登上热搜榜，从开播到完播，这部剧一直热搜不断。这部剧本身没有流量型演员，但扎实的剧本和适配自媒体平台的宣传节奏就是最大的"流量"。

　　生活中还有很多和我的高中同学，以及这个演员相似的人，如果在成长的过程中，他们不注重提升自己对行业的认知，一直依靠自己狭隘的判断去做决定，错过好的机会是其次，更有甚者，会被行业淘汰。

　　如果他们同时养成"把别人成功的原因归结为运气好，把自己失败的原因归结为运气不好"的习惯，就会自己给自己戴上枷锁。

　　我之所以想写这一小节，是因为二十多岁的我，有很长一段时间，也是过度迷信自己的判断。我觉得那些能够创业成功的人，一定是因为背后有资源支持，他们有更多的试错机会，但我忽略了他们自身的才华和眼光；我觉得年轻人毕业后就该到一线城市打拼，回家乡工作就意味着堕落。像这样的"我觉得"还有很多，它们在很长一段时间内禁锢着我的思维和认知，让我只相信自己愿意相信的东西，继而错失了太多的成长机会。

有一个很著名的实验叫"薛定谔的猫"。做这个实验的人是奥地利物理学家薛定谔，他将一只猫放到一个盒子里，又在里面放了几个带毒气且容易碎的小瓶子。在没打开盒子之前，这只猫只有两个可能的结果：生或死。

当我第一次知道这个实验，再联想到过去习惯性依靠经验做判断，还无比自信的那个自己时，我的头皮一阵发麻：我的那些狭隘、不成熟、错误的判断，不就是盒子里带毒气且容易碎的小瓶子吗？而我就是"盒子里的那只猫"。

和那只猫不同的是，它还有生或死两个可能的结果。我只有一个结果：无知。（但我对此不自知，还沾沾自喜，无比相信自己的判断。）

"薛定谔的猫"让我打开了困住自己的"盒子"，完成了自我拯救。不知道我的那个开板面店和驴肉火烧店的高中同学，以及像他一样的很多人，什么时候能遇到属于自己的"薛定谔的猫"，然后完成自救呢？

直视自卑，
才能改变自卑

我在前面反复提过，我从小就比较自卑，至于为什么自卑，我没有细讲。

现在看来，其实也没什么大事：无非是我的皮肤比别人黑一些，脸上又有一些雀斑；无非是我的家庭条件比较一般，上高中和大一时，生活费比较低；无非是我不敢对喜欢的女孩子表白，只能把喜欢埋在心里。

可是，就是这一件又一件的小事，足以造成一个少年内心的"兵荒马乱"。

因为皮肤黑，脸上有雀斑，我从来不敢主动和陌生人聊天，我害怕他们直勾勾的目光，我害怕他们在心里悄悄给我贴上"这个人怎么这么黑"的标签。

我更反感朋友给我起诸如"老黑""黑炭"等外号，他们或许只是觉得好玩，并没有太大恶意，但我就是觉得很受伤。

因为家庭条件一般，我上学时的生活费比较低，只能跟其他同学凑在一起点菜，四五个人围在一起，每个人点一道菜，这样大家都可以吃四五道菜。

曾经，这些经历狠狠地困扰着我，它们形成一股合力，把我塑造成了一个不太合群，也不太爱说笑的人。

我是何时冲破这些困扰，不再为其所困了呢？

我想，是有人告诉我"你的肤色真酷"的时候；是我可以靠稿费买我喜欢的东西的时候；是有女孩子开始不在乎我的肤色和脸上的雀斑，而是越过外貌，欣赏我的写作才华的时候。

有句话是这样说的：你越在意什么，什么就会越折磨你。看到这句话时，我竟然有一种"漆黑的夜空里突然划过一道闪电"的感觉。

这种感觉是似曾相识的。在我成长的过程中，在我和自卑打交道的过程中，很多时候我都有过这样的感觉。

有时候，某位作家写的一句话，让我开始反思，"原来，自卑只是我一个人的'作茧自缚'"，然后，我便将这个茧拆开一点。

有时候，某位歌手唱的一句歌词，让我觉得"原来，自卑的人那么多，我不是一座孤岛"，然后，我便将这个茧拆开一点。

有时候，电视里某个人的一句话，让我觉得"原来，自卑也可以是自信的催化剂，自卑的人会因为想做出改变而变得更加有出息"，然后，我便将这个茧拆开一点。

有时候，网络上的一句评论，让我觉得"从自卑到自信，也是一条不错的成长路径"，然后，我便将这个茧拆开一点。

我就这样笨拙又耐心十足地用将近十年的时间，一点一点拆开了心里的茧。等里面那个全新的我暴露出来时，我就"重生"了。

现在的我，已经完全接纳了从前自卑的自己。

现在的我不会过分关注别人对我外貌的指指点点。虽然我小时候的家庭条件比较一般，但我从较低的起点开始，让经济状况一点点变好，靠写作实现财务上的相对自由，我还有什么理由自卑呢？至于有没有其他人喜欢我这件事，已经不重要了，因为已婚的我，也不再需要其他人的喜欢了。

心理学里有一个很有意思的现象：马蝇效应。马蝇效应源于美国前总统林肯的一段有趣的经历。林肯少年时和他的兄弟在肯塔基老家的一个农场里犁玉米地，林肯吆马，他兄弟扶犁，而那匹马很懒，慢慢腾腾，走走停停。有一段时间，马跑得飞快，林肯感到奇怪，到了地头，发现有一只很大的马蝇叮在马身上，他就把马蝇打落了。看到马蝇被打落，他的兄弟就抱怨说："哎呀，你为什么要打掉它？正是那个家伙使马跑起来的！"没有马蝇叮咬，马慢慢腾腾，走走停停；有马蝇叮咬，马不敢怠慢，跑得飞快。

马蝇效应也由此而来。马蝇效应给我们的启示：一个人只有被叮咬着，才不敢松懈，才会努力拼搏，才能不断进步。

如此看来，在我成长的过程中，自卑恰恰充当了马蝇的作用，有它在我身上"趴着"，折磨着我，我才一刻都不敢懈怠。最终，我摆脱了自卑，变成了一个自信、自强的人。

你的不自信，
源于"对标错位"

你会因为你的财富比福布斯排行榜上的富豪少而觉得没有奋斗的动力吗？你会因为你的知名度没有娱乐明星高而觉得自己毫无存在感吗？你会因为自己没有游泳奥运冠军游得快而再也不进入游泳池了吗？

答案是不会。因为你压根不会拿自己跟那些人进行对比，毕竟双方没有可比性。可是，很多时候你的不自信就源于和别人的对比。

虽然我们不会和比我们强很多的人进行对比，但是我们仍然无法摆脱对比，甚至会出现"对标错位"。因为我们总觉得，被我们选择的那些人和我们的差距不大。

但其实，双方的差距，犹如在山顶和半山腰的差距。

无论我们怎么努力追赶，双方的差距都不会在短期内缩短。这种始终存在的差距，会让我们的努力显得徒劳，这就是大部分人不自信的来源，也是大部分人有挫败感的根源。

前段时间，一个失联很久的文友又跟我取得了联系，他想来青岛，顺便看看我。见面之后，我们聊起现状。他说："真佩服你，可以一直坚持写作，我总是有一搭没一搭，三天打鱼两天晒网的。"我说："你可以重新开始写作，现在自媒体平台有很多机会。"他说："我已经开始写了，每天也能有两三百元的收入，但是我跟你没法比。"

我说："你千万别跟我比。第一，我在这个行业坚持了20 年；第二，我做自媒体 5 年了，且是全职，每天投入的时间只会比上班的人多，不会比他们少；第三，你跟我比，是对标错位，就像我不会跟顶尖编剧进行对比，对标错位的结果只有一个——心态失衡。"

我不知道他有没有把我的话听进去，但那是我的肺腑之言，更是我的切肤之痛。

写作到第五年的时候，我有了点小名气，便期待自己有朝一日也可以成为知名的作家。于是，我顺着知名作家的脚步，向那些在文学界地位很高的大刊投稿，结果可想而知，我又开始经历新一轮的退稿。

一个作者如果没有发表过文章，尚可承受被退稿的打击，但如果经常发表文章，有了点小名气，还接连不断地遭遇退稿，这种打击是加倍的。

我在那一轮又一轮的退稿中意识到，当时的我，高估了自己的实力，选错了对标对象。

后来，我果断调整对标对象。假如我给自己打 6 分，我不会再去对标 9 分、10 分的写手，我只对标 7 分、8 分的写手。我把这种做法取名为"半步对标"或"一步对标"。

我只盯着领先我半步或一步的写手，向他们靠近，等到我的水平和他们接近，甚至超过他们之后，我再去对标 9 分、10 分的写手。

这种做法极大地缓解了我写作过程中的焦虑感。当我对标 9 分、10 分的写手时，他们的压迫感会给我制造我无法消化的焦虑感，但对标 7 分、8 分的写手时，我可以头脑清醒地分析对方比我强的部分，找到不足，学习优点，靠近榜样，超越自己，这个过程中的我不会焦虑，也不会自我怀疑，我在经历很丝滑、很舒服的成长过程。

我在写作领域是这样做的，大家在其他领域找对标对象时，不妨也试试这种做法。

我们在成长的过程中，很难彻底摆脱跟别人对比这件事。对比是人的一种天性，更是一种对当下的自己不满足的表现。如果我们能正确地看待对比，并且找好对标对象，在比我们强半步或一步的人的带领下，我们就会让自己越变越好，就会越早地和更好的自己相遇；如果我们不能正确地看待对比，在内心一声声"其他人都比我强"的感叹声中心态失衡，我们就会越过越差。

对比，可以让人暗淡；对比，同样可以让人清醒。大多数人并不是天生就拥有强大的心态，"和谁比我都不怕，和谁比我都不屑"的心态不是人人都有的，大多数人只能把自己抛到经历中，锤炼和打磨自己的心态。

我们要在经历中试错，在试错中总结，每次前进一小步，然后，借着每一小步积攒起来的巨大力量，把自己从山脚，带到山腰，再带到山顶。

等到我们有一天登顶，真的做到"一览众山小"的时候，真的会感谢那个在对比中不迷失、不放弃、逐渐明亮起来的自己。

写到这里时，我休息了一会儿，看到一个和短道速滑奥运冠军王濛有关的采访视频，她在视频中表示，她第一次参加奥运会时，谁都不认识，有人告诉她，某个人是某个赛道的世界纪录保持者，起跑很快。她心想：对方说啥呢？对方介绍了这个人，她也不认识。后来（起跑后）她直接把对方甩在后面了。

看到这种天赋型选手时，我常常会莞尔一笑，她自然流露出的那种"管你是谁，我的世界没有对标对象"的气势太霸气了。不过大部分人通常缺少这种气势，普通人还是要找准对标对象，一步一步慢慢来。

保持惯性质疑，才不会被装在"套子"里

从小到大，我会接收到来自四面八方的人生观点，如退一步海阔天空、吃亏是福、平淡是真、能不花钱就不花钱等。小时候，我的阅历比较少，这些观点也不会有机会对我造成困扰。但是，随着阅历的增加，我发现我们应该结合具体情况来采纳这些观点。

当我习惯了遇事退一步后，我发现有些人并不会因我的退让而以善意待我。当我习惯了吃苦，反而因此浪费掉很多精力和时间。

例如，我前四五次搬家时，明明可以找搬家公司，花

百八十元钱就能解决问题，但因为"能不花钱就不花钱"的观点，我选择乘坐地铁或公交搬家。

面对十几个包包，我一次搬不完，可能要搬两次甚至三次。每搬一次家，我一个周末都身心俱疲。我的日子，会因为省下那百八十元钱而过得更好一些吗？答案是不会。

所以，当我尝试找搬家公司，用几个小时做完以前需要一天才能做完的事情时，我再也没自己搬过家。而每次省下来的时间足够我写一篇文章，然后把搬家费用成倍赚回来。

尝过一次"质疑"的甜头，我便一发不可收，逐个清理起大脑中那些从没被质疑过的观点。

以前，因为我家离北京比较近，我几乎每两个星期就要回去一次，这导致我周末总是休息不好。当体内有了"质疑"后，我不再那么频繁地回家，而是像很多在北京工作的年轻人一样，只在逢年过节的时候回去，毕竟家里一切都好。如果我用这些时间写作，就可以多赚一些稿费，提高自己和父母的生活水平。

当我快 30 岁，还没有结婚，父母和亲戚都说"差不多就得了，别太挑了""婚姻就是和什么人过都一样"时，我也曾想过妥协，随便找个不是那么反感的人结婚。当体内有了"质疑"后，我在这件事情上没想过妥协，因为我从心底不相信"婚姻就是和什么人过都一样"这句话。事实证明，我的选择是正确的。我在 32 岁时遇到了现在的爱人，35 岁决定娶她为妻，如今我们已经平安度过第一个 7 年，在互相信任与扶持中，我无比坚信"一段婚姻和另一段婚姻，可以完全不一样"。

当所有人都告诉我"辞职干什么？瞎折腾，找份稳定的工作多好"时，我体内的"质疑"再次推动我，让我毅然地辞掉了工作。我的妻子也和我一起辞职，我们两个人一起创业做自媒体。如今，5 年过去了，我们实现了月入

10万元的小目标，体内的"质疑"又一次成功为我们争取到了想要的生活。

当初妻子辞职时，她的上级劝说道："听我的，你别辞职，两三年后，你每月的工资突破3万元不成问题。你也别和你爱人一起创业，无数案例证明，夫妻创业的结局都是一地鸡毛。"我对妻子说："我觉得我们是这个世界上最能保持一条心的两个人，如果两个陌生人一起创业，难免因为利益冲突，出现很多问题，但是夫妻创业能很大程度上避免这个冲突，钱只会进入一个口袋。"

妻子选择相信我，跟我搏一把，事实证明，她赌对了。我们一起创业的这5年里，偶尔也有争吵，但每次冷静下来后，我会跟她道歉，并且及时改正自己的问题。因为我内心始终有一个原则：既然你选择无条件地信任和支持我，我就绝对不会辜负你。

如今，我和妻子做出了一点成绩，当初质疑和反对我们的人，现在开始羡慕和看好我们。我们微微一笑，对于过程中的艰辛，只字不提。

　　我们是幸运的，能够保持惯性质疑，也敢于冲破束缚自己的"套子"，因此有了现在相对自由的生活。这个世界上的每个人都有自己的"套子"，有的人觉得"套子"能给他带去安全感，有的人觉得"套子"束缚了他。大家有不同的看法和生活，不必互相羡慕，过好自己的生活就好。

改变与行动引发的"相互效应"

前段时间我回了一趟老家，在收拾屋子的时候，高中毕业留言簿突然蹦了出来，和它一起蹦出来的，还有关于同学们的记忆。看着同学们稚嫩的字迹，以及一个又一个诚挚的祝福，我突然特别想念那时候的我们。

那时候的我们，是多么意气风发的一群人啊！虽然我们拥有的东西不多，但我们的未来有无限的可能。我们在彼此的留言簿里，第一次坦诚地说着自己对于未来的期待。

同学 A 说："大学毕业后，我要去大城市打拼，去看看只能在电视剧里看到的高级办公楼。我相信，那里一定有我的一席之地。"我向其他同学打听他，他已经在上海定居 10 年了，前几年买了自己的房子，有一儿一女。我为他感到开心。

同学 B 说："希望我能一辈子不上班，但是有花不完的钱。"我向其他同学打听她，在电商兴起的时候，她抓住了时机，现在基本上实现了财务自由。我为她感到开心。

同学 C 说："对于未来，我没有多大的期待，我希望能有一双可爱的儿女，做一个好妈妈，给他们一个好的成长环境。"我特别理解这位同学，因为她的父母在她很小的时候就离婚了，她感觉自己没被照顾好，所以，她不希望自己的孩子复制自己的人生。我向其他同学打听她，虽然她只有一个女儿，但她和丈夫很恩爱，她把女儿照顾得很好。我为她感到开心。

像这样的故事并没有很多，大部分同学的现状和当初的期望隔着十万八千里。

同学 D 说："我希望将来能赚很多钱，把同学们都请过来一起做事。"我向其他同学打听他，他现在在县城开出租车，每天工作 12 个小时。

同学 E 长得好看，唱歌也比较好听，她说："我希望将来能成为明星，拍很多电视剧，赚很多钱。"我向其他同学打听她，她现在在化妆品柜台做导购。

同学 F 说："我希望将来能当一名老师。"我向其他同学打听她，她没有做老师，而是开了一家小饭馆。

同学 G 说："我希望将来开一家书店，书店里有很多杂志，我每天都可以待在里面，再也不用担心爸妈凶我。"我向其他同学打听他，他真的开了一家书店，不过，里面没有杂志，都是教辅材料。

一开始，我为没有过上自己理想生活的同学感到惋惜，后来，我转念一想，其实这也没什么可惋惜的，大家都身体健康，生活得热气腾腾，这就是最好的现状。

这个世界上，能过上自己理想生活的人毕竟占少数。因为，要想达到理想的生活状态，我们真的要孤身一人走很长一段路。以我自己为例，我当初在高中毕业留言簿上写下"我将来要靠写作养活自己"这 11 个字很轻松，但后面的 11 年，我走得步履蹒跚。

起初，我希望自己能像很多写手一样，写出精致、时尚的都市爱情文，可是我连星巴克都没去过，也没坐过飞机，更没出过国。我的生活和精致、时尚压根不搭边。怎么办？我只能退而求其次，选择竞争没那么大但市场巨大的韩式小说赛道。

你们能想象，一个五大三粗的男人写出类似"再惹我，你就死定了"的句子时，内心的那种羞耻感吗？但当时的我能怎么办呢？为了能给自己每月增加一些生活费，即使不愿意，我也要硬着头皮写下去。毕竟在当时写一篇 8000

字的文章，我能拿 400 元。而这 400 元就是我一个月的生活费。我赚到 400 元再不容易，也比父母容易。

于是，我左一个 6000 字，右一个 8000 字地继续写，稿费也左一个 300 元，右一个 400 元地向我飞过来。写着写着，我竟然也写出了名堂。当时，有位编辑看过我写的短篇小说后，联系我写书。对此，我果断拒绝了，因为我对于写书这件事是比较谨慎的。我可以写短篇小说，在这个赛道小打小闹，但如果是写书，我还是要写喜欢的内容。

等我发表了几十篇韩式小说，阶段性地提高了生活质量后，我打算转型，写自己想写的小说类型，如校园、都市、悬疑、恐怖、推理等。但现实情况是，我又遭遇了连续性的退稿。

这个时候我才意识到，原来写韩式小说对我的写作有很大的负面影响，它跟常规小说的结构、节奏完全不一样。如果想转型，我需要推翻过去的写作方式，再建立一种全新的写作方式。

还好，我又挺了过来，成功完成了转型。

在从事文字工作的十几年里，我经历过很多次这样的转型，不论是写明星采访稿、动漫脚本、微电影剧本，还是写新媒体文案、广告文案，包括现在开始写书，我的每一次转型都伴随着不可避免但必须忍过去的阵痛。

我在写作领域是这样，我相信，在其他领域一直坚持十几年，最终让自己的理想生活照进现实的人，也是这样。

心理学里有一个概念，叫"耦合效应"。它是指，A 在影响 B 的同时，B 也在影响着 A，A 与 B 之间力的作用是相互的，所以它们能发挥出 1+1 > 2 的效果。

改变与行动就是这样的关系，你想改变自己的生活，但只有想法还不够，你还需要有与之匹配的行动，想法足够坚定，行动足够坚决和持久，生活才能改变。

那些没能让理想生活照进现实的同学，以及和他们一样的很多人，或许是想法不够坚定，或许是行动不够坚决和持久，才慢慢与自己想要的生活背道而驰。

不过，大家不要灰心，一旦你的认知开始觉醒，从30岁开始行动不晚，从40岁开始行动也不晚。毕竟，这个世界上还有一个词叫：大器晚成。"驱散自己世界的迷雾"这件事，只能靠自己，没办法假手于人。

学会向别人"借运"

在北京工作的第五年，我有过一段低谷期。那段时间，我的收入看不到上涨的可能，恋爱频频受挫，加上平均一年一次的搬家经历，我心生怀疑：自己到底适不适合待在北京这座城市？

这样问自己的时候，其实我在心里，就已经萌生去意。

心烦意乱的我选择了辞职，然后搬到了北五环外，我打算给自己一段独处的时间，好好思考接下来的去留，以及发展问题。

那段时间，我几乎不出门，恰逢网络购物兴起，我需要什么就通过手机下单，对方送东西时会顺手帮我把生活垃圾带下去。我就这样，从寒冬腊月待到了春暖花开。

那段时间，我不看书，也不写小说，用现在的网络流行词形容就是彻底"躺平"了。

直到我看到一位歌手的采访片段。他说，他在北京20年，搬了55次家，最差的时候都不是住地下室（那还是好的），而是住地下室的地下室（地下3层）。

后来，他的生活好了一些，也谈了女朋友，但工作还是没什么起色。一年又一年过去，他依旧混不出什么名堂。他的女朋友抗不住家人给的压力，选择跟他分手。分手时，她不仅给他做了一桌子的菜，还把最值钱的金项链留给他了。

那段时间，用他自己的话说就是，好像被生活一脚踩进了淤泥里。

后来，他生了一场大病，手术过后，他的嗓音不再像以前那般清凉和干净，变得沙哑又沧桑。也就是在这种情况下，他结合自己的情感经历，创作出了一些脍炙人口的歌曲。这些歌曲一经推出，就传遍大江南北。他的生活，终于彻底好起来了。

在看这段采访的过程中，我的眼睛一直是湿润的，喉咙也是哽咽的。那是一个创作者共情另一个创作者的眼泪，那也是一个男人对另一个男人的经历感同身受的眼泪，那更是一个"北漂"的人对于"北漂"有了重新认识的眼泪。但凡在"北漂"中闯出成绩的人，无论男女，有哪一个人是容易的？跟他们的经历比起来，我的经历实在还算不上惨，起码我有住的地方，也不至于饿肚子。如果我这时就选择离开，那不是"北漂"的困难打倒了我，而是我自己打倒了自己。

接下来的日子里，我又看了很多名人的采访片段，他们中的很多人面对导演、群演头子、同行的各种刁难和不看好，依旧没有放弃，最终等到了成名的机会。后来，很多人提到一些知名演员时，都会说是某部影视作品让他们一夜成名的，可是谁也不知道他们成名前的日子有多漫长。

在我们看不见的地方，很多人都曾一个人在暗夜里穿梭，只是因为感觉前方"仿佛有光"，便咬牙坚持着。<u>哪怕所有人都不看好自己，自己也不能看扁自己。</u>

别人不看好我们的杀伤力并没有那么大，但如果我们自己都不看好自己，自己都看扁自己，就等于和生活一起，凑成了双脚，把自己狠狠踩进了淤泥里。

后来，每当我遇到难过的坎时，就再看一遍那些采访片段，看的次数多了，我便从他们身上借到了名为"坚韧""抗挫力""钝感力""自信""笃定"的"运气"。

久而久之，每当我遇到比我强很多的人，无论他们身在什么领域，我都能总结出他们身上值得我学习的地方。"借运"就像一个独自闯荡江湖的人虽然没有师父，但可以从少林、武当、峨眉、昆仑等门派分别学一点功夫，然后把这些功夫融会贯通，竟也有了行走江湖、让自己不再挨欺负的本事。

普通人一生可能都遇不到一个贵人。这里的贵人是指传统意义上的"可以给我们一个机会，让我们从此平步青云"的人。所以，我们一定要学会向那些在各个领域做出成绩的人"借运"。拥有了"借运"的能力，人生处处是贵人，我们自己也可以做自己的贵人。

我最近还看到了一个让我很动容的采访视频，因为在2024年巴黎奥运会打破了男子100米自由泳的世界纪录，潘展乐得以走进大众视野。

记者：你一天能练多少？

潘展乐：正常的话，我一天要游 15000 米，有时候早上游 6000 米~7000 米，下午一般就游 8000 米左右。

要知道，他练的项目可是 100 米自由泳，游 15000 米就等于游 150 个 100 米。

记者：你有没有烦的时候？

潘展乐：不会有，因为我当时的目标都是世界顶级的选手，我要是烦了，就赢不了他们。

这是多么朴实，又多么顶级的回答啊！很多人都知道天道酬勤这个成语，但是很少有人能做到，所以，我们需要各个领域里优秀的人反复向我们强调，我们才有可能真正做到知行合一。

写作和游泳一样，都是需要重复练习的事。我们需要在一次又一次的重复练习中去暴露问题，解决问题，优化自己，向着更厉害的自己靠拢。

在这个过程中，我们偷不得半点懒。一个月不写，手就会生，脑子就会迟钝；一个月不游泳，气息、节奏、手脚的配合也都会乱。世界上的很多事都是如此。

大部分在某个领域做出一点成绩的人，不是靠天赋，而是把别人重复了一百次的事情重复了一千次，再把别人重复了一千次的事情重复了一万次。

懂得向别人"借运"的人，哪怕自己原本是块朽木，这些借来的运气也会像锋利的小刀一样，一刀又一刀，把他雕刻成一件艺术品。

我是这么走过来的，被我"借运"的很多人也是这么走过来的，如果你相信，你也可以做到。

☀ 别翻过去，动笔写一写，发现独一无二的自己。

1. 写出你认为自己身上不好的特质。

_____

_____

_____

_____

2. 针对每一个特质列一个"清除计划"，你打算用什么方式，用多久彻底清除它们？

_____

_____

_____

_____

自己是自己最大的敌人，自己也是自己最大的贵人。如果你任由不好的特质侵蚀自己，而你无动于衷，你就是自己的敌人；如果你决定清除自己身上不好的特质，一旦开始行动，你就是自己的贵人。

把你认为自己身上不好的特质写在气球上，然后把气球放走。

第四章

别让“不敢”，
毁掉我们人生的可能性

不敢想，一切就只存在于想象中

有一天，我和妻子突然发现：大部分我们经常念叨的愿望，都实现了。

例如，我们一起在北京工作时，经常想象，如果有一天不用上班就好了，两三年后，我们都成了自由职业者。我不想在我的老家定居，妻子也不想在她的老家定居，我们期望能在长沙、武汉、南京、青岛、杭州之间选择一个城市，一年后，我们就在青岛定居了。我们期望借助自媒体实现月入 5 万元、10 万元，第一年没实现，第二年没实现，第三年就实现了。我们喜欢某个品牌的车，但因为价格太高，我们短时间内买不起，但在实现收入的连续突破后，我们兴高采烈地去提了车。

这一切的结果竟然只是源于最初的"敢想"。按照某些人的说法，这是在"向宇宙下订单"，但我不太喜欢这个说法，比起"向宇宙下订单"，我更喜欢"向自己下订单"。

宇宙，实在太虚幻、太缥缈，比起它，我更愿意相信自己。

敢想，就好像我们去某个地方旅游，需要设定一个目的地，有了这个最终目的地，我们再去合理地规划路线才能不走弯路，也不会被中途的信息干扰。

很多人之所以没有过上理想中的生活，是因为他们只停留在空想阶段，并没有规划具体的行进路线。如果目的地和所在地之间没有清晰的刻度，"到达目的地"这件事，也就无从谈起。

当然，比起空想，我认为更可悲的是，连想都不敢想。就好像曾经在传统媒体工作，月薪只有 5000 元的我，根本不敢想，自己有朝一日可以转型拥抱新媒体，靠写作实现月入 5 万元、10 万元。

我觉得那时的我，好像森林里的一只猴子，从一棵树上蹦到下一棵树上，再从下一棵树上蹦到其他树上，自以为走了很远，却从未走出过森林，去看看外面的世界。

后来，一个同样在传统媒体工作的文友，从广州的公司跳槽到北京的新媒体公司。她的敢想敢做深深地触动了我。

那段时间，她借住在我家，时常对我说："按照你的资历和写作能力，你转到新媒体公司的话，薪资或许会再上一层楼。"

我为什么不敢呢？难道是内心觉得自己不配吗？

那一次，我诚实地面对了自己的内心，当时的我，心里有深深的不配得感。原因主要有三个：第一，那时的我觉得月入 5 万元、10 万元是那些高学历的人才能坦然追求的；第二，那时的我还没有意识到文字工作者的价值上限；第三，我父母的收入不高，那时的我觉得自己也不可能获得特别高的薪资。

对于第一个原因和第三个原因，我可以努力说服自己克服内心的难关。对于第二个原因，直到我开始频频面试新媒体公司，发现自己可以通过月薪 6500 元、8000 元，甚至是 10000 元的面试时，我才终于意识到文字工作者的价值。

我经常听到很多人年轻人说，一个人在大城市里工作太累了，希望能遇到一位"贵人"帮助自己。其实，真正的"贵人"并不一定是那种身居高位的人，他很有可能是我们身边某一个并不起眼的人。

某一天，他对你说了一句话，你听进去了，你的想法改变了，你的思维、认知和行为都和以前有了很大的不同，命运的齿轮开始吭哧吭哧转动起来了。

如果你还没遇到这个人，证明你们的缘分还没到，别着急，你只需要把手头的事做好，把眼前的日子过好，把普通的工作做好。当这个契机出现时，你的境遇一定会和以前有很大的不同。

前几天，我看到前面提到的那个跳槽的文友的朋友圈，她正在宣传由她做编剧的新电视剧，我向她道喜。祝贺她，是发自内心的，因为我们都是见证过对方成长的人。

当回忆起我们一起在北京工作的日子时，她说："那段时间真的好苦啊！不过还好，我们都熬过去了。"

虽然那时的她也和我分享过她想做编剧的梦想，但是我们都觉得那个梦想太遥远了。尽管如此，在过去的 10 年里，她始终没有忘记这件事，抓住一切机会向编剧的梦想靠近，再靠近，哪怕没有署名机会，哪怕被人骗稿，她也对编剧行业充满热爱。

如今，由她做编剧的电视剧经常能在上星卫视播出，她已经超额实现了当初的梦想。我虽然没有做编剧的大梦想，却也一步一步实现了做自由职业的小梦想。

我们曾经都是背井离乡到北京工作的人，是那种塞到地铁里就会被淹没的人。如今，我们都在各自的领域取得了不错的成绩。

因为我们有一样的灵魂：敢想，也敢让想象照进现实。我们用 10 年时间，终于让过去的自己和想象中的自己合二为一。

不敢做，生活就只剩下无聊的复制、粘贴

2024 年初，我发了一条朋友圈，内容如下。

我曾错过，三次出书的机会。

第一次，我在新浪读书连载了一篇小说，虽然只发了两万多字，平台却用大图做了最显眼的推荐，后来大火的《步步惊心》就在它下面。

很多出版社联系我，我吓着了，觉得自己写得还不够好，干脆把它停掉了。那时候的我是一个连短篇小说都没发表过的"小白"。

第二次，我已经发表了很多短篇小说，有位编辑联系我，说想和我合作出书，以我当时的知名度，版税差不多有五万元。

我试着写了写,发现驾驭不了,写短篇小说留下的写作惯性导致我驾驭起长篇小说来有难度,我也没努力调整自己,最终我与这个机会失之交臂。

第三次,2023年4月,有一家出版社的编辑联系我,邀请我写一本与小红书运营有关的书。

我在小红书发了很多篇笔记,谈自己对小红书运营的理解,这些笔记的数据都不错。我也因此积累了不少粉丝。按理说,我应该抓住这次机会,但我还是错过了。

古话说,事不过三。

我把这些错过的机会写成文字,并把这条朋友圈置顶,我想提醒自己,千万别错过第四次机会,甚至要努力争取,把第四次机会变成现实。

很多以前的文友,以及后来学习我的新媒体写作课和小红书运营课的小伙伴们,都在这条朋友圈下面评论,内容大概是"你已经很优秀了,不必强求,随缘就好"。

我就是因为太过随缘，总觉得还不是时候，于是错过了一个又一个机会。一眨眼，20 年过去了，我在杂志和报纸上发表了几百万字，却还没出版一本书。

我决定不再随缘，2024 年一定要写一本书，哪怕这本书出版不了，我也要先把它写完。我之所以十分迫切地想完成这件事，原因主要有两个。

第一，我写书的事从 20 岁拖到 30 岁，眼看我就要迈入 40 岁了，如果我不立刻采取行动，说不定要把这件事拖到 50 岁。这是我很不愿看到的。

第二，2023 年时，我做新媒体写作课和小红书运营课已经进入疲倦期，每天和学员、选题打交道，让我感觉缺少新鲜感，我觉得我的世界在变小。我不想继续维持这样的状态。一个创作者，如果只在一个领域高频输出，无论之前的储备有多深，他的灵感都是会枯竭的。

第二个原因是最重要的。我不想我的生活，只剩下无聊的复制、粘贴。

重复的生活是具有消耗性的，是让人原地踏步的，是不能给我带来飞速成长的。我过往的生活经验是，一旦我感觉到缺少新鲜感，我就会想寻求突破，让新鲜的空气涌进来。

这一次，写出一本书，成了我急需的新鲜空气。

万万没想到的是，在我刚好写完一个序言时，有一家出版社的编辑邀请我写书，而她需要的内容正好与我正在写的内容一致。她让我把目录搭建好，再写一万字给她看看，内容没问题的话，双方可以签约。

我用半个月的时间，把目录搭建好，写完一万字交给她，然后，就进入忐忑的等待中。

幸好结果是好的。编辑对样章很满意，我也顺利拿到了出版合同。

妻子为了给我创造一个安静的创作环境，带着孩子回了老家，我便用两个月的时间，写完了我的第一本书。交稿后，我又进入新一轮忐忑的等待中。

一个星期后，编辑反馈了审稿意见："稿子读着太流畅、太舒服了，而且干货十足，观点新颖，遇到你这样的作者，作为编辑的我太幸福了。"

收到这条信息的时间刚好是 2024 年 6 月 1 日，我又发了一条朋友圈：这是我送给自己最好的儿童节礼物，60天，不对，准确地说，是 45 天，我终于写完了自己的第一本书。

交稿后的那几天，我始终处在亢奋的状态中。我已经很久没有过这种状态了。当时的我，比第一次发表文章还开心,比账号通过一篇爆款文章涨了 1.7 万个粉丝还开心。

我觉得自己开启了一段全新的旅程,作为作者,取得了重大的突破。

就在我准备收拾东西回妻子的老家时,我又遇到了这本书的编辑,我们在沟通的过程中又有了新的灵感和选题,然后,这本书有了雏形。

我又用半个月的时间,写完目录和样章,然后送审,最后双方顺利签约。拿到约稿合同的时候,我有一种很强烈的不真实感:我写作20年,没出一本书,只用了3个月,就签约了两本书?

我把合同拍照给妻子看,她说:"那你就继续待在青岛写书吧,别着急过来了。"接着,又是两个月的闭关写作,从 6 月到 8 月,写作终于接近尾声。

我刻意把这一小节放到最后写（写到这里时，我已经写完其他章节的内容了），因为我要把最汹涌的感情留在这里。

在写这一小节时，我脑海里循环播放着我在写作路上每一次取得突破的画面，正是因为有了这一次又一次的"敢做"，我才能到达如今的位置。

对于我来说，写作常常出现舒适圈，当我在这个舒适圈里待久了时，我怕自己会麻木，会敷衍，会自满，会得意。所以，我的选择不是跳出舒适圈，而是扩大舒适圈。

以创作者的身份，我写过小说、动漫脚本、微电影剧本、广告文案、自媒体文案和明星采访稿，这些机会不是别人给我的，是我用"敢做"争取过来的。未来，我说不定还会写歌词，写电影或电视剧的剧本，有什么不可能的呢？

在我和文字打交道的这 20 年中，它们已经成为我手下"能征善战"的"兵"，下一个 20 年，我仍然会带着它们"南征北战"。

只要心中有一件热爱的事情，我们就不会倒下，我们要随时准备为热气腾腾的日子"奏响战歌"。

不敢相信，任何事都不会成真

我对任何人都谈不上讨厌，除了把"不现实"挂在嘴边的人。这种人除了擅长毁灭自己的可能性，还热衷于毁灭别人的可能性。当别人或兴高采烈，或真诚地分享自己对于某些事的憧憬时，他们总会不合时宜地冒出一句"不现实"。

那种感觉就好像你正在用热水洗澡，他们却突然给你调成了冷水，让你从头凉到脚。

很多人在成长过程中会遇到这样的人。

初中时，我喜欢在日记本上偷偷写小说，有一天，我的日记本被同桌翻开了，他看着我写的小说，用一副戏谑的口吻问："你写的？想当作家？"我不好意思地点点头，他笑笑说："拉倒吧，不现实，你写的这些跟课本上的课文差得远呢！"我回："所以，我还需要努力啊！"他说："没天赋就是没天赋，再努力也是白费功夫。"

在这之前，我们并没有任何冲突，所以，我发现他看我日记本的第一时间，并没有选择制止，而是想等他看完后，给我一些来自朋友的真诚建议。万万没想到，他会说出这样的话。

不过，他说的话虽然不好听，但没有对我造成持续性的伤害，往后的日子里，我继续写小说，只不过不会再给他看了。

高中时，学校组织学生参加奥林匹克英语竞赛，英语老师在班里点了几个人的名字，还剩一个名额怎么都决定不了，她问其他同学："你们觉得还有谁可以？"

我听见很多同学喊我的名字。我罕见地抬起头，目光坚定地望着老师，希望她回我一个同样肯定的眼神，但我看到了她充满质疑的眼神。

当时我不明白她的眼神因何而起。论总成绩，我确实比不过其他几个被点名的同学，但我的英语和语文成绩，每次都排在学校前十名。

英语老师没有当场表态，而是在下课后把我叫到了办公室，对我说："按说派你代表学校和班级去参加竞赛不太现实，因为你的数学成绩每次都只有二三十分，但是，你的英语成绩又确实好，如果我破例让你去，你有信心吗？"我回答："有。"最终，其他同学颗粒无收，只有我一个人捧回了二等奖的荣誉。

大学时，由于沉迷写作，我的考试成绩并不理想。辅导员找到我，气急败坏地说："你现在这种情况别说毕业了，将来找个养活自己的工作都不现实。"

我回答："如果刚入学时听到这样的评价，我无从反驳，但现在，我有自信，可以随时成为班里第一个找到工作的学生。"

后来，我去了西安，在一家合作过很多次的杂志社工作。

虽然在前面的叙述中，我只提到了三件事，但其实，在我的成长过程中，类似这样的事情有很多。我相信看这本书的你，在成长过程中也或多或少有不被人看好的经历。

二十多岁时，我不明白为什么每次我被别人说"不现实"时，肚子里总有一股怒气，我也没去深究，只是习惯性地保持对立的态度，不让他们去定义我的各种可能性。三十多岁时，我逐渐明白，这种怒气其实源自一种叫"心火"的东西。

很多人一辈子就活个"心火"，心里有这团火苗在熊熊燃烧着，人才不会枯萎。如果这团"心火"灭了，无论是被他人，还是被自己熄灭的，我们有可能就枯萎下去了。

尽管在保护这团"心火"的时候，我们可能会误解他人的好意。我也是后来才明白，大学时的辅导员那样说我并非真的看扁我，而是一种怒其不争的表现，是在为我着急。只是她的措辞触动了我当时比较敏感的神经。

但即使我们会与其他人起冲突，也总好过任由这团"心火"被人左浇一盆冷水，右浇一盆冷水，自己再附和着浇一盆冷水，然后告诉自己"或许，我想的真的是不现实的事情吧"。如果我们真的习惯了被浇冷水，这团"心火"也就有可能彻底熄灭了。

普通家庭的孩子在成长过程中本就缺少领路人。如果你真的相信自己能做成某件事,就请更加笃定一点,不要一被人否定,就开始怀疑自己。

面对同一件事,有的人抱着"不现实"的想法,那他肯定做不成。对于这一点,我不是 100% 肯定,而是 1000%、10000% 肯定。因为,当你预设了做成某件事是不可能的时,你便不会为之努力,哪怕努力了,也是打折扣的努力;如果你抱着"我一定可以做成"的想法,虽然不一定能做到 100%,但可以通过 200% ~ 300% 的努力做到 60% ~ 80%,这时候,你就已经强于前者了。

前者,因为惯性地"不相信",很多好事会绕着他走;后者,因为惯性地"相信自己可以",很多好事就会向他靠拢。

不敢质疑，
就只能被世界"同化"

午睡前，儿子缠着我给他讲故事，我随手拿起身边的一本书，又随手翻了一页便给他讲了起来。

马棚里住着一匹老马和一匹小马。

有一天，老马对小马说："你已经长大了，能帮妈妈做点事吗？"

小马连蹦带跳地说："怎么不能？我很愿意帮您做事。"

老马高兴地说："那好啊，你把这半袋麦子驮到磨坊去吧。"

小马驮起麦子，飞快地往磨坊跑去，跑着跑着，一条小河挡住了它的去路，河水哗哗地流着。小马为难了，心想：我能不能过去呢？如果我能问问妈妈的意见该有多好哇！

它向四周望了望，看见一头老牛在河边吃草。小马嗒嗒地跑过去，问道："牛伯伯，请您告诉我，这条河，我能蹚过去吗？"老牛说："水很浅，刚没小腿，你能蹚过去。"

小马听了老牛的话，立刻跑到河边，准备蹚过去。

突然，一只松鼠从树上跳下，拦住它大叫："小马，别过河，别过河，河水会淹死你的！"小马吃惊地问："水很深吗？"松鼠认真地说："深得很呢！昨天，我的一个伙伴就是掉进这条河里淹死的！"

小马连忙停住脚步，不知道该怎么办。

……

讲到这里，我忽然停下了，想到了自己前三十年的人生。

三十岁之前，我活得就像过河的小马，遇到不明白、想不清楚的问题，便喜欢问身边的人，得到答案后，我从不质疑，而是直接相信。

结果，我用答案验证了一个又一个的错误。

久而久之，我便不再 100% 地相信别人的答案，每次得到答案后，我总会在心里问自己一遍："事情真的像他说的那样吗？"

我开始参考故事中的小马后来的做法，没有直接相信老牛和小松鼠的话，而是亲自"过河"去寻求答案。

例如，当我与公司领导意见不一，不知道如何应对时，我问身边的朋友，他们一致表态"我建议你不要和领导起冲突，保持沉默，毕竟你还要在公司继续工作"。听到这样的回答，我会问自己："难道真的就这样保持沉默吗？如果这次保持沉默，下次遇到类似的事情，我还要继续保持沉默吗？如果遇到类似的事情就保持沉默，时间一长，我会变成什么样子？"

最后，我给自己的答案是和领导直接沟通，把我的感受直白地表达出来。虽然结果不如我所愿，但起码"这条河"我蹚过去了，而不是躲过去了。

从这家公司辞职后，我又进入另一家公司——我工作时间最久的一家公司。也是在那家公司，我遇到了一位很珍惜员工才华的领导。如果我有新颖的想法，且实施的可行性比较大，他会全力给予支持。

如果我当时选择不和上一家公司的领导直接沟通，或许我不会辞职，但我就不会有机会接触到下一家公司的领导。

所以，这段经历给我的感悟是，面对职场中的矛盾，沉默是一种态度，勇敢发声也是一种态度。而后者的结果，未必就不如前者。

再如，一个和我关系不错的朋友向我借一笔数额不小的钱。对于借还是不借，我拿不定主意。我询问身边的人，大多数人的意见是"不借，这么大一笔钱应该是大恩了，所谓大恩如大仇，你小心最后人财两失"。我犹豫来犹豫去，最后还是借了。我觉得，以我们十几年的交情及我对他的了解，他不会把钱放在我们的友谊前面。

后来，他虽然没能如约还钱，但提前跟我打了招呼，说明了难处，并且和我约定了第二次的还钱日期。再后来，日期还没到，他就把钱还我了，还转了一个 200 元的红包。而我也坦然接受了，以我对他的了解，我这样做会让他心里舒服一些，亏欠感少一些。

这两件事，加上生活里发生的其他事，都让我明白：自己的人生经验，只能通过自己的经历去积攒，"老牛"的经验不一定适用于"小马"，"小松鼠"的经验同样如此。

如果我们遇事不敢质疑，不敢尝试，把别人的经验当作自己的行事准则，我们的人生就会被他人慢慢同化。

如果我当时不敢主动找领导表达自己的想法，我就会被教导我"要沉默"的那些朋友同化，成为一个"不敢发声，沉默到底"的人。

如果我不敢相信那个交往了十多年的朋友，我不会发现双方的友情是如此坚固。我们更不会因为这件事走得更近，彼此在对方需要帮助的关键时刻，帮过对方不止一次大忙。

我们可以用"软弱、胆怯、自卑、自私、不讲究"等词语形容一批人，也可以用"勇敢、笃定、大气、自信、讲究"等词语形容另一批人。

成为前一批人，还是成为后一批人，和其他人有一定的关系，但最终的结果是由自己决定的。如果你身边都是前一批人，但你想成为后一批人，你就要勇敢地去做与之匹配的事。

当一件又一件或大或小的事串联起来，你想要的标签，也就越来越清晰地出现在你身上。相反，如果你不愿意成为前一批人，但又没有勇气做向后一批人靠近的事，你也会在不知不觉间被前一批人同化。

不敢坚定，便只能在摇摆中过一生

在浏览微博平台时，我看到了一个问题：有什么事是你坚持了 10 年，并且觉得还会继续坚持下去的？

我心里的答案有且只有一个：写作。

我是从什么时候开始坚定自己可以靠写作为生的呢？答案有点好笑，是从拿到一张 10 元稿费单开始的。拿到它之前，我已经写了三四个月的小说，被退稿退到麻木了。

当时，有一家杂志社的编辑突然找到我，问："我们杂志有个小栏目，需要采访几个喜欢写作的人，虽然你的稿子在我这里没有通过，但我首先想到了你，你有兴趣吗？"我问："大概多少字？"编辑回："大概 300 字 ~ 400 字吧，有样刊，有 10 元稿费。"我回："可以呀！谢谢编辑老师给机会。"

后来，我收到稿费单后，并没有像很多写手一样留作纪念。我把稿费取了出来，并用它买了两个大鸡排，那顿饭，我吃得特别香。

我就是想让自己刻意记住，靠稿费吃饭的感觉。

这件事过后，虽然我又经历了两个月的退稿期，但我丝毫没有怀疑过"自己有朝一日可以靠写作吃饭"这件事，因为我已经尝过了"靠写作吃饭"的味道。

大学毕业时，尽管我已经发表了几十万字，但当时的女朋友的父母，对我从事的文字工作并不认可，他们一致觉得我没有一份稳定的工作。

当时的女朋友也劝我:"要不你找份稳定的工作?哪怕每月挣两三千元都没问题,我的父母希望你有一份稳定的收入。"

于是,我带着我的作品和简历,去县里的报社面试。主编看过我的简历后说:"你来报社工作肯定没问题,但我就怕大材小用,也怕你觉得这里的待遇太低。"

我连忙摆手说:"不会,不会。"当时我在心里嘀咕:"能有多低?如果是每月两三千元,我是可以接受的。"岂料我刚嘀咕完,主编的下一句话让我心灰意冷。他说:"我们这里每月的工资只有500元,你不用坐班,社里有事你就来,社里没事你就去忙自己的事。不过除了基本工资,我们还有稿费,如果县里有活动,你可以去采访,采访完自己写稿。"

我刚灰暗的心又重新亮了起来,我心想:底薪500元,加上稿费,我每月应该可以拿两三千元,总体来说,我还是可以接受的。于是，我试探地问："稿费多少？"主编说："长稿子 10 元，短稿子 5 元。"我："……"为了尽快有份稳定的工作，我只能拖着大包小包的行李过去了。尽管如此，我和她还是没能走到最后。

再后来，我去了北京，在北京工作了 10 年。我的感情之路并不顺利，我知道，其中部分原因，跟我从事文字工作的收入太低有关。

身边的朋友看我好像陷入了一个死循环，开始劝我："要不你就换个行业？如果有一份收入高点的工作，你的日子也能好过些。"

我没说话，那时的我，心里憋着一股气，我总觉得，我不至于一直处在低谷中。

有一次，爷爷生病住院，我和爸爸轮流陪床。在换班的时候，爸爸罕见地和我聊起天来，他说："你爷爷问你在北京过得怎么样了，他还说，你写作和他写毛笔字一样，都需要长期坚持。别气馁，你再坚持一下，不用操心我和你妈，我们还年轻，还不用你养。你趁现在还能拼得动，再咬咬牙，说不定再过两三年就完全不一样了。"

那一刻，我有一种"独自走了很久的夜路，前方突然有人打开了手电筒来迎接我"的感受。爷爷和爸爸"打开手电筒"，一起领着我前行。

后来，对于写作，我比之前更坚定了一些。无论我在北京过得多么不容易，我都没想过放弃。

一眨眼，两三年就过去了，再一眨眼，我的月薪超过10000元了，然后是18000元、35000元。在我决定辞职创业前，曾有公司联系我，开出了月薪50000元的条件。

但我还是选择自己创业做自媒体，因为我觉得到时候了。我选择单干，一开始当然不顺利，收入只够温饱。到第二年和第三年，事业才渐渐明朗起来，我每个月的收入也和辞职前其他公司开出的 50000 元持平了。与上班相比，我肯定更愿意通过做自己热爱的事情来获得这份收入。

毕竟做自媒体后，我收获的还有睡觉自由、情绪自由、工作环境自由。上班时，我的作息一般是"朝九晚十"，也常常有加班到凌晨一两点的情况。我和朋友之间的交流也越来越少。那时候，虽然我和女朋友（现在的爱人）每月的收入加起来能有 50000 元，但我们的幸福指数并不高。所以，我俩一合计，索性辞职做自媒体。

我一个人时，因为"坚持"获得了新生；我们一起时，又因为"求变"获得了新生。我每次做决定时都没有过左右摇摆，而是一次比一次坚定。

不敢从心，只能从众

在我的成长过程中，我有一千次机会成为其他人，但我用千万分的执拗，让自己成为现在这个人。冥冥之中好像有什么东西在牵引着我，以前我不知道是什么，现在我清楚地知道，这个东西叫：从心。

我是一个很怕从众，也拒绝从众的人。因为我不想把今天过得和昨天差不多，又把明天过得和今天差不多。

别人的人生已经有人在过了，我想尽力争取过自己的人生。

我们老家的男孩子在高考时如果成绩不是很理想，很多人会在家人的安排下进工厂打工。我高中毕业后，亲戚们也向我的父母提议，不如早点送我去工厂，勉强读个不好的大学还不如早点出来打工赚钱。我的父母刚向我透露出这层意思，我就拒绝了。

我对爸妈说："我不想去，我从小就暗暗观察过进工厂的人的人生轨迹，几乎就是一条不会起波浪的直线，我不想我的人生也这样过。"还有一些话，我放在心里没说：我不想我未来的十年、二十年都和一个工厂紧密绑定，再也没有其他可能性，我想去外面的世界看看，我还有靠写作为生的梦想没实现。

当时，父母选择尊重我。那种尊重感丝毫不亚于我后来30岁还没结婚时他们给予我的尊重感。30岁时，我依旧单身，他们尽管心里着急，但也由着我在茫茫人海中继续寻找那个对的人。他们不知道我什么时候能找到这个人，我自己也不知道，但他们选择不干预。或者说，我用强硬的态度，用"从心"的表达，争取到了他们的"不再干预"。

前段时间回看《奇葩大会》,我再次被孙健的故事感动。尽管关于他的故事,我已经看了不下十遍,但每次看,我都会被感动。

孙健出生在四川省宜宾市的一个小山村,不上学后便去工地打工。因为一次很偶然的机会,他从手机里接触到一种叫钢管舞的东西,便彻底迷上了。他把工地的脚手架当作钢管,在上面翩翩起舞,哪怕手被磨出水泡也甘之如饴。后来,他觉得这样做不过瘾,于是花费 500 元网购了一根真正的钢管,并把它装在宿舍里,每天下班后就跟着网络视频学习。

他讲到这里时,坐在台下的评审问他:"你这样做时,身边的工友怎么看?"

孙健笑着回答:"我的工友,包括认识我的朋友,都觉得我是吃饱了没事干。他们觉得我又矮又笨,像一只猴子。我不理会他们,他们说他们的,我练我的。"

自学三四个月后，孙健看到了一个健身俱乐部举办的钢管舞大赛，便鼓起勇气去参加了，过五关斩六将，竟然捧回了一个冠军奖杯。获得冠军成了孙健人生的转折点，让他从一个在工地搬砖的工人摇身一变，成了一名钢管舞教练。

做钢管舞教练是一节课 100 元，他不用风吹日晒，而且是靠技术吃饭。在工地打工是一个月 2000 元，他又苦又累，还看不到人生的其他可能性。对于孙健而言，他不需要做选择。然而，孙健的父亲听说这件事后，不仅没有为他感到高兴，还觉得钢管舞是不正经的东西，竭力劝他辞职回家，并希望他去学习开挖掘机，以后找一份开挖掘机的工作。

孙健当然不同意，但又说服不了父亲，最终那通电话以不欢而散而结束。

在没回家的三年里，孙健继续精进自己的钢管舞技术，从早上 9 点练到深夜 12 点，因为技术的逐渐成熟和名气的逐渐增加，他有幸被国家队选中，代表国家去国际比赛，竟然再次捧回了冠军的奖杯。

他带着荣誉回家，父亲自豪地向乡亲们介绍自己的儿子："我儿子现在在跳钢管舞，是国家队的，代表国家在国际赛事上拿过金牌。"

第一次看孙健的故事时，我还不是一名父亲，只是觉得他的父亲太爱面子了。如今，我成了一名父亲后才懂得，他的父亲不是真的觉得孩子跳钢管舞会给他丢人，而是怕孩子误入歧途而自己无能为力。后来，孩子没有听从他的意见，也创造了一片属于自己的天空，他有一种"青出于蓝而胜于蓝"的莫大宽慰感。

除了这个故事令我动容，更让我动容的是，孙健在讲述整个故事时表现出的那种"只从心，不从众"的坚定态度。

在成长过程中，如果面对工友和朋友的不看好，他不再从心，不再喜欢钢管舞，他就不会成为后来的钢管舞教练；如果面对父亲的强势，他选择听从父亲的意见，做一个传统意义上孝顺的孩子，回家找一份开挖掘机的工作，他就不会成为后来的世界钢管舞冠军了。

听着孙健的故事，回想自己的经历，我想，我们都是幸运的，也是倔强的。在和"希望我们从众的引力"交手时，我们没有选择不假思索地投降，没有放弃追逐更好的自己，没有给自己找一个"反正大家都一样"的理由。

在过去的三十多年里，我看到生活带着一大批人像潮水一样"向左走"，我也能感觉到，有些人和我一样，固执地选择了"向右走"。

无论别人如何定义这样的我，在成为更好的自己这件事上，我必须用尽全力，绝不退让。

☀ **别翻过去,动笔写一写,发现独一无二的自己。**

1. 因为"不敢",你都错过了什么?

_____

_____

_____

_____

2. 因为没有消灭掉"不敢",你觉得自己未来还会错过什么?

_____

_____

_____

_____

3. 请用 40 岁、50 岁、60 岁的口吻，分别写一段能够"刺痛"自己的话。已经错过的事情无法挽回，即将错过的事情还可以补救。

_____

_____

_____

_____

世界上其实并没有"错过"这件事。因为你错过的都是不成熟的你本该错过的，等你成熟后，等你从"不敢"变得"敢于争取"后，你会拥有属于自己的一切。

☀ **别翻过去，动笔画一画，了解自己的抗压能力。**

想象天空正在下雨，画一幅"人在雨中"的画。

（全网搜索"雨中人压力测试"，获取绘画分析。）

第五章

一个人，
也可以是一个世界

别轻易向世界妥协

我从青岛开车回老家，车程八个半小时。

虽然我有一个包含几百首歌曲的歌单，但我担心那些熟悉到不能再熟悉的歌曲会让自己有困倦感。于是，我打开了车载电台，因此有幸听到了几个陌生人的故事。

第一个陌生人叫小薇，28岁，单身，辞掉上海的工作后，在老家的广告公司工作。她长得漂亮，但家庭条件一般，身边的同事会张罗着给她介绍对象。

这本没什么，但和她相亲的对象不是离异的，就是离异带孩子的。小薇明面上没说什么，但内心很受伤。恰巧那段时间，她在网上看到一句话——别人给你介绍的对象的层次，代表你在他们心里的层次，她内心的受伤感再次加倍。

小薇选择跟家人、朋友倾诉，可是他们的反应和说法很一致："小县城就是这样啊！如果你在大城市，还可以挑挑拣拣，在小县城，将近 30 岁，家庭条件一般，即使你长得漂亮，在相亲市场上也是没有优势的。"

我听得出来，小薇和主持人倾诉的时候，是带着委屈的哭腔的，她说："我希望有人告诉我不是这样的，我希望有人可以站在我这边，坚定地告诉我，我配得上更好的。"

第二个陌生人姓王，24 岁，他刚大学毕业，想去大城市闯一闯，父母虽然表面上没说什么，但会让亲戚朋友们轮番劝他。

"你爸妈就你一个孩子，你忍心把他们撇在老家？"

"做人不能光想自己，你爸妈培养了你这么多年，好不容易等到你大学毕业了，你在家里找份差不多的工作，平时和他们互相照应不好吗？"

"大城市的机会虽然多，但是竞争也大，能在大城市安家的都是少数人。"

小王觉得，尽管有些话不好听，但亲戚朋友们说的话也是事实。可是他不甘心，想出去闯一闯，按自己喜欢的方式生活。

第三个陌生人叫裴姐，36 岁，已婚，有一个 10 岁的孩子，正在考虑离婚。本来双方已经商量好了和平分手，但这件事被她的父母和公婆知道后，他们纷纷来劝和。

"离婚容易，去民政局拿个证就行了，但你想过离婚后的生活吗？你就算不考虑自己，也要考虑孩子呀！"

"你还年轻，离婚后肯定会再婚，万一以后那个人还不如现在这个人怎么办？你还要继续离吗？"

"古话说'人非圣贤，孰能无过'，婚姻遇到问题，咱就要解决问题，而不是放弃这段婚姻。现在离婚的人还少吗？难道你也要跟着凑这个热闹？不行，咱们家族里就没有离婚的人，我们不允许你们由着自己的性子胡来。"

在八个半小时的车程中，我听了很多故事，对这三个故事的印象最为深刻，也很心疼故事的主人公。

小薇的故事很有代表性，很多像她一样的女孩子也有类似的经历。我很想对小薇说："结婚是为了两个人在一起比一个人过得好，如果多一个人还没有自己一个人的时候过得好，那我们不如继续单身。但是，你千万不要被动等待和消极面对，你喜欢什么样的人，就多去见什么样的人，遇到喜欢的人可以主动接触和了解，女孩子主动接触不同的人，肯定好过被动等待别人给你介绍你并不喜欢的人。"

王同学的经历也并不是独有的，很多像王同学一样的应届毕业生都会面临类似的困惑和苦恼。

毕业求职是人生至关重要的分水岭，在这个选择路口，选择大城市还是小城市，选择拼搏还是安逸，代表截然不同的两种人生。

我很想对王同学说："既然是关乎一生的重要选择，我们最好还是自己做决定，听从自己的内心。即使以后我们生活得不好，心里也更容易接受，不会埋怨任何人。"

裴姐的经历最让我心疼。我心疼她不被理解和支持，所有人都在向她施压，好像离婚的错误都在她一个人身上。

我能想象，当裴姐听到"也要考虑孩子呀""万一以后那个人还不如现在这个人怎么办？你还要继续离吗"时，内心的错愕和委屈，她应该是很无助的，才会把自己的经历毫无保留地讲给一个陌生人听。

我很想对裴姐说："法律既然赋予了人离婚的权利，你有权在过得不幸福时，选择离婚。至于再婚后会不会幸福，谁也不知道，但你现在确确实实过得不幸福。另外，即使离婚，你也不应该对婚姻失望，让你失望的应该是错误的人和感情，而不是婚姻本身。"

生活中处处充满了妥协。有时候，出丁本心，你并不想妥协，但总有人会劝你妥协。这个时候，你一定要守住本心，否则，一不小心，你就会成为那个习惯妥协的人。

建立一人世界的"法律"

2018 年，我写过一篇小说，其中有一句话让我特别喜欢：如果把一个人比作一个"国家"，你会发现，很多"国家"根本没有"法律"，大部分人可以在他的"国家"来去自如，并且随意践踏那里的一切。

这句话里的"法律"，当然不是指真的法律，而是类似原则、底线等。我之所以能写出这样的句子，是因为曾经吃过这样的亏。

聚会时，当我被迫与不太熟的人一起喝酒时，总是会听到这样一句话：是不是不给我面子？年轻时，听到这样的话，我根本不知道如何应对，只能硬着头皮把酒喝了。但是一旦开了这个头，这顿饭的结果就是，我的心和胃一起不舒服。

我周围的很多人都知道我是以写作为生的，经常会请我帮忙写点东西，一再强调"并不难，并不难"，我有时候不好意思拒绝便应了下来。结果总是，我写了一版又一版，熬了好几个大夜，写完之后，对方说改天请我吃饭。结果十年过去了，我依然没吃到这顿饭。

朋友来北京找我玩，说是暂住几天，结果住了好几个月，家里乱糟糟的。我每天下班回家，又累又不想说话，还要收拾屋子。

朋友的朋友向我借钱，说是发了工资就还我，结果拖了好几个月，半年之后我再次发微信询问，对方却指责我不讲情义。

......

类似的经历让我觉得非常无力，难受过后，我决定彻底改变自己，给自己立规矩，在做人做事方面要保持自己的原则和底线。

我给自己立了四条规矩。

（1）永远不借钱，也不借给别人钱。

（2）朋友或同学在文字工作上请求帮忙时，我会选择有偿帮忙，费用可以低一些，但我不会免费做事。

（3）对外戒酒，和家人、亲戚在一起时，可以适当喝一点。

（4）对人际关系进行分级。家人是"第一梯队"，上述三条规矩，对家人不适用；朋友是"第二梯队"，极特殊的情况下，第一条规矩可以打破，第二条和第三条规矩坚决不可以打破；其余人是"第三梯队"，上述三条规矩，适用于"第三梯队"的人。

我知道，实行这四条规矩很难，我可能会得罪人。但是，在一些事情上，我希望有自己的原则和底线。给自己立规矩，建立一人世界的"法律"会让我在人际交往上不至于太心累。

在我给自己立了这四条规矩后没多久，有同学向我借钱，而且是很久没联系的大学同学，我果断拒绝了。那是我第一次知道勇敢拒绝别人的感受。

后来，又有朋友找我帮忙写东西，我说可以，不过我是收费的。对方问我多少钱，我按照市场价实事求是地讲了。他说考虑考虑，事情就没有下文了。

聚会时，无论对方以什么理由来劝酒，我都说戒酒了。对方觉得劝来劝去都是自讨没趣，也就不再劝了。

我把这些成长感悟，以小短文的形式发在了朋友圈，竟然引起了很多人的共鸣。有人留言说："我要好好跟刘老师学习，也做一个内心有自己'法律'的人，过去的我和你一样，不会拒绝，不会生气，不会表达，导致遇到很多'哑巴吃黄连'的事情。谢谢你，让我知道了如何建立一人世界的'法律'。"

不仅如此，自从我发布了数篇关于这个主题的小短文后，想免费向我咨询写作问题和运营问题的人骤然少了很多。很多人在找我咨询问题时，第一句话会说："刘老师，您有空吗？我有个关于写作（运营）的问题想咨询您，我付费咨询。"

这样的变化，真是应了网友的那句话：别人如何对你，都是你教的。当你给别人释放的信号是，你是有便宜可占的，那些喜欢占便宜的人，就会像蜜蜂嗅到花香一样凑过来；当你以前的一些表现，给别人的印象是软弱的，那些喜欢捏软柿子的人，就会凑过来；当你不敢、不好意思拒绝别人时，那些遇事喜欢麻烦别人的人，便会把难为他们的难题，用来难为你。

有句话叫：弱国无外交。其实，我们把这句话放到个人身上也是一样的道理。所以，当我敏感地意识到，我的软弱已经让我在和别人打交道时频频落于下风，我开始寻求改变，开始建立自己世界的"法律"。

这个过程是艰难的，也是痛苦的，但是为了以后的人生不再出现之前那些"哑巴吃黄连"的事，我必须做这件事，而且必须做成。因为我不想成为别人的"殖民地"，让别人在我的世界，颁布属于他们的"法律"。

如果有一天，我很自然地适应了别人的"法律"，且不做任何反抗，我也就不再是自己了。

无论怎样的你，都是最好的你

我对文字比较敏感，很多时候，明明只有一句话，我却可以通过它或窥见一片辽阔的草原，或窥见一片无垠的大海。

我想把最近让我有感触的两句话分享出来。一句话来自某个歌手，他在一档综艺里谈到自己对内向的看法时说："我一直觉得，内向不是性格的缺陷，它就是性格的一种。"

这句话让原本就喜欢他的我，更加喜欢他了。以前，我只是喜欢他的歌曲，欣赏他的才华，现在，我更加喜欢他对于内向的独特理解。

他对于内向的这种理解是我以前没有想到过，也没有在别的地方看到过的。所以，在成长中的大部分时间里，我都因为自己是内向的性格而感到自卑，我几乎想尽了办法去改变我的自卑，却收效甚微。我改变不了它，又做不到与它和平相处，于是内心充满痛苦。

我全然没有发现，我之所以对文字比较敏感，就是因为我的这种内向的性格。它可以让我安静地观察并接收到一些被别人忽略的事情，再把这些事情写成文字。

万万没想到，在我讨厌它，并且试图消灭它的时候，它一边和我做着激烈但无声的抵抗，一边悄悄地成就着我。

这句关于内向的独特解读让我瞬间意识到，"内向也有内向的好，我应该呵护它，感谢它，而不是排斥它，试图把它从我的性格中剔除掉"。想到这里，我完全接受了过去那个内向的自己，同时接纳了现在这个内向的我。

有一首歌叫《出现又离开》，歌手在里面唱道："每一个未来，都有人在。"这是最近让我非常有感触的第二句话。这句话像打开了时空之门，瞬间把我拉回到过去的很多个瞬间。

曾经，我会因为和一个很要好的朋友失去联系而长时间闷闷不乐，我觉得我们曾经那么要好，他怎么就消失在人海里了呢？我接受不了，我觉得，未来的日子里，我不会再有这样深厚的友谊了。曾经，我会因为失恋而垂头丧气，没热情去工作，没力气去生活，我觉得，往后的日子里，我应该不会再爱一个人了。曾经，我会因为得不到一份心仪的工作而陷入自我怀疑。

这句歌词，让我和过去的自己和解了。有些人从我的生活中消失了，肯定有消失的理由，既然这件事早已注定，我再去纠结也没有意义，只会徒增烦恼。

我开始说服自己，并尝试接受"交朋友就是一边结交新的，一边失去旧的，能留下的人自然会留下，对于留不下的人，我们就静静告别"，以及"有些恋人，注定只能陪你走一段路，你们走不进婚姻，就证明你们只有恋人的缘分"这些观点。

你没有得到一份工作，不代表你不优秀，你可能只是"不适合"。说到"不适合"，我有很多感触和经历。我有太多文章，写作之初是奔着给 A 杂志投稿的，被退稿后，我再投给与 A 杂志风格相似的 B 杂志和 C 杂志，依旧被退稿。但是，当我不再抱什么希望，随便把它投给 D 杂志和 E 杂志时，我的文章反而被顺利刊登了。

到底是哪里出现问题了？是我不够仗义，朋友才离开吗？是我不够细心，恋人才离开吗？是我不够优秀，才争取不到工作吗？是我的稿子写得不够好，才会被退稿吗？

或许都不是。作为朋友，我觉得我够仗义；作为恋人，我觉得我够细心；作为编辑，我觉得我够负责；作为写手，我觉得我虽然不是顶尖的，但也绝对算不上差劲。

所以，当时的我可能什么问题都没有，只是我觉得自己有问题。当时的我，足够自律，足够自省，足够自爱，可是那时候我竟然以为自己未来遇不到更好的朋友、恋人和工作了。

当你觉得"无论怎样的自己，都是最好的自己"的时候，你期待的一切人和事，都藏在不久的未来里。

我写到这里时，耳机里又传来一句让我颇有感触的歌词——"是什么让我遇见这样的你，是什么让我不再怀疑自己，是什么让我不再害怕失去"。

它来自一首歌：《是什么让我遇见这样的你》。

歌手在唱这首歌时，有些口齿不清，我初次听这首歌的时候，感觉不是很舒服。尤其是当她把"是什么让我不再怀疑自己"唱成"是什么让我不再画一只鸡"时，我浑身都难受。

但是，当我盯着歌词，尝试用心聆听，听她用心唱着"我是宇宙间的尘埃""在这茫茫人海里，我不要变得透明"时，我感觉自己的心被打动了。

她虽然咬字不清，但对待唱歌这件事是全情投入的；她可能被很多制作人否定过，但她依然慢慢坚持，最终等来了自己的代表作。

听这首歌时，我脑海里出现的是那些失去双腿还要拄着拐杖踢球的人，是那些失去双臂却用双脚闯荡泳坛的人，是那些骑着电动车在大街上送外卖的人，是那些平凡却不甘于平庸的人。

她的声音虽不完美，但和这样动人的歌词搭配在一起，有一种"不完美的完美"。这就好像我们的人生，虽然有很多不完美，但总有那么一些时刻，我们会像她一样，遇到一首和自己的声音适配度很高的歌，最终，我们会发现，人间值得。

或许你觉得此时此刻的自己不够好，那只是因为你把自己放进了一个"世俗模版"里，如果你能挣脱这个模版的束缚，它也就困不住你了。

无拘无束的你，无论是怎样的你，都是最好的你。

偶尔，把自己还给自己

开始做自由职业后，每晚睡觉前，我都会留一个小时给自己。

这段时间，我只允许自己做自己。

这段时间，我不是儿子，不是丈夫，不是爸爸，也不是写作课和运营课的老师，我只是我自己，一个不需要对谁负责，短暂脱离了所有身份的自由人。

这段时间，我或者看书，或者听歌，或者追剧，或者摆弄花草，或者坐在沙发上盯着窗外的月亮发呆，或者躺在床上听着滴答的雨声、轰隆隆的雷声。

我为这种放空取了一个名字：情绪按摩。

当下的人们，之所以容易感觉累，是因为背负的身份太多了，身份一多，就必然产生责任，责任与责任交织在一起，令我们一刻都不得闲。

所以，当有人发现在公园里走 20 分钟，可以有效地缓解焦虑和压力，使身心愉悦后，"20 分钟公园效应"随之出现。

本质上，它和我的这种放空有一样的目的，都是为了情绪按摩。我们在给自己解压的同时，也在给自己"充电"。

在职场的那些年，我是不懂这些的，即使有人告诉我，我也不会去做。那时的我感觉自己欠缺的能力和技能太多了，生怕一个不注意，就被别人取代掉。所以，我铆足了劲提升自己的专业能力。

我相信，现在很多在职场的人依然有这样焦虑的状态。明明一份工资每天只能买我们 8 个小时，我们却恨不得每天贡献 10 个小时，甚至 12 个小时，只为不被淘汰。

我讲到这里，肯定有职场的小伙伴发出疑问："你说了这么多，又是短暂脱离所有身份，又是看书、听歌、看月亮、听雨的，因为你是自由职业者，我们上班的人怎么能忙里偷闲呢？"

这是一个好问题。因为我平时虽然在睡前一个小时给自己留有情绪按摩的时间，但这不代表我在其他时间段没有行动。

我每天都需要写文章，需要指导学员写文案，这些事情加在一起的时间只会比 8 个小时多，不会比 8 个小时少。

面对这么高强度的工作，我肯定不能从头到尾保持清醒，感觉疲倦时，我会怎么做呢？

我可能在客厅的地毯上静静打坐 15 分钟；可能躲到卫生间，坐在马桶上，把耳机塞进耳朵里，闭目养神 10 分钟。在那 10 分钟里，我不听激烈、悲伤的歌，只听舒缓的音乐或类似踩雪、烧柴、下雨、虫鸣等声音。我可能坐在电脑桌前，挺直腰，把双手放到膝盖上，闭上眼睛休息三五分钟；可能盯着窗外的蓝天和绿树看几分钟。

相信我，这些办法真的可以对我们起到"充电 10 分钟，工作 3 小时"的效果。

我就是依靠这些办法，熬过了自媒体创业的前 5 年。如果没有这些"偶尔，把自己还给自己"的小办法，我可能在第二年、第三年就因为太累而放弃创业，寻找更轻松的工作了。

我在前言里说过，在现阶段的我看来，与世界打交道无非就是处理好三个关系：自己和他人的关系，自己和自己的关系，自己和世界的关系。它们互相影响，咬合着来促进我的成长。

当你第一次看到这三个关系时，有没有思考过，哪个关系最重要？如果没有，现在我可以以作者的身份和你聊一聊。在我看来，最重要的是自己和自己的关系。

"自己和自己的关系"是其他两个关系的根基，如果我们连自己和自己的关系都处理不好，处理"自己和他人的关系"，以及"自己和世界的关系"也就无从谈起了。

我打个比方，处理"自己和自己的关系"就像我们玩游戏时要在新手村历练一样，我们要练到足够强大，才能应对外界的"妖魔鬼怪"，否则，即使能顺利出村，不够强大的我们走不了两步就会被打回新手村。

　　基于此，"偶尔，把自己还给自己"其实就是不断历练自己的过程。在和自己相处的过程中，你可以完全暴露自己的缺点、创伤和情绪；你也可以更客观地看待自己的优点。你可以以第三视角，审视这个缺点和优点并存的自己。

　　白天，我是父亲、丈夫和老师，有了情绪只能忍耐，不能向家人和朋友倾诉。等到夜深人静，妻子和儿子睡着，学员们也不再找我的时候，我或者听一首悲伤的歌，或者看一部动人的电影来释放自己的情绪。

　　睡觉前，我会去妻子和儿子睡觉的房间悄悄看一看，看他们四仰八叉地睡着，我的心就是轻松、幸福和温暖的。

　　他们不知道我的世界刚刚经历了怎样的狂风暴雨。他们知道的是，每天早上，我都是那个"充满电"、值得依靠和信任、能为他们遮风挡雨的人。

学着和未来的自己 "对话"

从 20 岁开始，我几乎每隔 5 年都会给未来的自己写一封信，这些信有一个共同的标题：我在未来等我。

第一个我，是未来的我；第二个我，是当下的我。

20 岁的我，对于 25 岁的我的期待如下。

希望你，能在自己喜欢的杂志社或出版社从事文字编辑工作，并且有时间进行文学创作。

为了让这个期待不落空，我从大学时便在很多杂志社做兼职编辑，磨炼自己的专业技能，同时，尽可能多地发表文章，以增加自己被喜欢的杂志社或出版社选择的可能。

尽管我毕业后，没有第一时间进入喜欢的杂志社或出版社，在西安、长沙颠沛流离过一段时间，但我仍然在25岁之前，在喜欢的出版社有了属于自己的工位，并且在那里度过了一段美好的时光。

这个 5 年，我不算虚度。

25 岁的我，对于 30 岁的我的期待如下。

以编辑身份，发掘更多好的作者，帮助他们写出好的作品；以写手身份，写出更多好的作品，最好是能写一本代表自己水平的书；以男朋友的身份，谈一段可以走入婚姻的恋爱，并且在 30 岁之前有一个孩子。

尽管我在 30 岁之前没有结婚，也没有自己的孩子，但我真的在 30 岁之前，有了一些不错的代表作，也因此在写手圈小有名气。我协助一些作者写出了畅销书，看着书被卖爆，再看着影视公司买下书的版权，我同样与有荣焉。

这个 5 年，我也不算虚度。

30 岁的我，对于 35 岁的我的期待如下。

提升能力，增加技能，攒够即使离开职场，也能过得还不错的本事。感情的事随缘。

这个 5 年的第 1 年，我从传统媒体转到新媒体工作，接下来的 4 年，我实现了"薪水 4 连跳"，月薪从 5000 元一路涨到了 35000 元。

在这个 5 年，我还收获了一段真挚的感情。因为女朋友的理解和支持，我在 35 岁时离开职场，开始全职做自媒体。

这个 5 年，我也不算虚度。

35 岁的我，对于 40 岁的我的期待如下。

能和女朋友顺利创业，能和她在喜欢的城市定居，能和她走入婚姻，最好能有一个孩子。每月收入稳定在 30000元 ~50000 元，拥有不再回职场的底气。

2024 年，我 39 岁，我们确实已经将近 5 年不上班了，算是创业成功；我们也确实定居在了青岛这个海滨城市，并且买了自己的房子和车子，走入了婚姻，也有了孩子，收入也确实达到了我们的预期，甚至比我们的预期还要高。

这个 5 年，我同样没有虚度，甚至可以说，收获颇丰。

如果让 40 岁的我，给 45 岁的我写一封信，我又会对那时的自己有什么期待呢？

我期待那时的我，完成工作转型，从靠自媒体账号的广告收入和课程收入，转变为靠图书版税为生。在生活方面，我希望自己能多些时间陪伴父母，毕竟前些年我对他们有亏欠。

如果能把这些期待变成现实，这个 5 年，我同样不算虚度。

写到这里时，我突然发现，虽然 20 岁的时候，我的世界还没有运营的概念，但我确实已经在用运营思维规划自己的人生了。

我把人生最重要的 20 年，切割成一个又一个的 5 年，设定了目标之后，便朝着这个目标前进。我像一个聪明的长跑运动员，把 10000 米切割成一个又一个 500 米，那么跑完 10000 米便不会是一个十分艰难、难以完成的大目标，我每跑完一个 500 米，就成功一次。在正向反馈的激励下，下一个 500 米，我会跑得更轻松。随着一个又一个小目标的顺利完成，大目标也就基本完成了。

这个方法并不高明，但是真的好用。我身边那些本来很有才华的写手，之所以慢慢消失了，正是因为他们对于写作这件事没有抱有长期主义思维，对于未来的每一个三年或五年没有清晰的规划，也没有具体的期待。

在其他领域逐渐"消失"的人的情况大概也是如此。他们都缺失一个很重要的能力：和未来的自己对话。大家不要小瞧这个能力，在我看来，是否拥有这个能力是决定一个人是出众还是从众的根本所在。

如果你不知道自己未来想成为什么样的人，过一天算一天，虽然你也有明天，但那个明天就是翻版的今天，而今天又是翻版的昨天。

如果你可以设定未来的样子，未来的你就会变成一辆马力很大的车，当现在的你深陷泥潭时，它可以拉你一把，然后在你耳边轻轻地说："别怕，这点挫折不算什么，影响不了我们的相遇，我走了，我在未来等你，加油。"

在北京工作的十年里，我有很多次觉得自己坚持不下去了，觉得自己马上就要碎掉了，每一次都是未来的我及时赶来，搭救那时的我。

为了不让未来的我失望，尽管现在的我是一辆马力很小的车，我也尽力把油门踩到底，向未来的我狂奔。

他说过，他会等我，我就信他。就好像他相信我一定会赶去未来一样。

和自己相处，
是一生的课题

有一段时间，网上十分流行一个孤独测试。

一级孤独：一个人逛超市。

二级孤独：一个人去餐厅。

三级孤独：一个人喝咖啡。

四级孤独：一个人看电影。

五级孤独：一个人吃火锅。

六级孤独：一个人去 KTV。

七级孤独：一个人去海边。

八级孤独：一个人去游乐园玩耍。

九级孤独：一个人搬家。

十级孤独：一个人做手术。

除了一个人做手术，前面的经历我都有过。而且我觉得，一个人做某些事情反而是一种享受。

例如，一个人去餐厅时，可以想吃什么就点什么，不必迁就别人的口味；一个人看电影时，可以沉浸式观影，不必因为和同行的人低声交谈而错过重要情节；一个人吃火锅时，可以点符合自己口味的锅底，选择权都在自己手上；一个人去 KTV 时，不必担心点的歌突然被切掉，可以点很多自己想唱的歌，从头唱到尾；一个人搬家时，不必和其他人争吵如何整理东西，可以按照自己舒服的节奏来整理。

我做过这个测试，但我不敢对妻子说。我怕她误解我是因为跟她在一起不幸福，所以才会觉得一个人做那些事情很快乐。

直到有一天，她突然对正在工作的我说："我可不可以放个假？儿子出生后，我每天几乎 24 小时围着他转，没有一点自己的时间。我希望每个月，我至少有两天的时间只做自己，在那段时间里，我不是妻子和妈妈，我就只是我自己。我可以一个人去吃火锅，一个人去看电影，一个人去看海，一个人去逛街。"

如果换作别人，可能不能完全理解她的意思，但是我完全理解，并且欣然同意。

最终，我们商量好，她每个月可以休息三天，想干什么就干什么，只做她自己，晚上早点回来就好。我也向她申请，每个月给我一天的时间，让我只做我自己。

那次交谈后，我们按照约定实施了一段时间，突然发现，两个人都更轻盈了。这种轻盈感是从内到外的，这种轻盈感会具体体现在平时沟通的语气里，双方收拾家务时轻声哼出的歌曲里，以及 3 岁儿子胡乱发脾气时，我们的相视一笑里。

我们还就"自己和自己相处"这件事认真地讨论过。妻子说："从我们出生到死亡，自己和自己相处的时间少之又少，我们在每个年龄段都有不同的身份与责任，我们常常在照顾别人的时候，忽略自己，但我们自己并没有发现，因为大多数人都是这样过一辈子的。"

我说："我们每个人都有自己的世界，这个世界就像一个圆，我们既是这个世界的圆心，又是这个世界的半径。圆心和半径越清楚，我们的世界就运行得越有规律，一旦圆心和半径开始模糊，这个圆就开始不规则运动了。"

讨论过后，我们达成一致：以后，我们既要呵护自己的圆心和半径，也要尽量呵护对方的圆心和半径。作为两个圆，我们该相交的时候就相交，该独立的时候就独立。

我想，大部分夫妻之所以经营不好婚姻，正是因为他们不会讨论这些，或者讨论不明白这些。两个过不好自己生活的人凑合在一起，也就经营不好婚姻。

我和妻子刚在一起时，就经常敞开心扉聊天。在一次又一次聊天的过程中，我们更加清楚了即将和自己走过一生的人现在是什么样的人，未来会成为什么样的人。我们互相看好彼此的现在，也互相看好彼此的将来。

我们也聊我们的过去，聊那些充满迷茫、胆怯、懦弱、偏见、无知的岁月。聊完之后，妻子问了我一句话："如果你认识那时的我，你还会选择和我在一起吗？"我诚实地回答："可能不会。"我又把这个问题抛回给她："如果是当年那样的我呢？你会选择吗？"她哈哈大笑着说："可能也不会。"

所以，你看，孤独是多么重要啊！

过去的我们相隔几百或几千千米，分别与不够好的自己斗争，可能是为了成为更好的自己，也可能是为了遇见更好的他人。

我们都像孤勇者，独自穿梭过一个又一个孤独的时刻，一开始是被迫孤独，后来开始享受这种孤独，从孤独中汲取能量，让自己可以能量满满地继续赶路。

妻子从山西出发，到河北上大学，最后到北京工作。

我从河北出发，到山东读大学，在西安、长沙短暂待过一段时间，最后像一颗蒲公英的种子一样，落在了北京。

我们相遇时，虽然不是最好的自己，但都是相对不错的自己。这样的我们结合在一起，在相互信任、相互看好中，共同成就了更好的我们。

如果你此刻正处于单身的孤独期，过得也并不如意，别着急，别焦虑，别内耗，用着急、焦虑、内耗的时间，好好修复自己。

　　你要相信，在你进行自我修复的过程中，你理想中的那个人也正通过自我修复向你走来。当你好起来了，你身边的一切就都好起来了。

☀ **别翻过去，动笔写一写，
发现独一无二的自己。**

1. 一个人时，你最害怕什么？

_____

_____

_____

_____

2. 一个人时，你最喜欢什么？

_____

_____

_____

_____

3. 问问身边的人，自己一个人时都喜欢做什么？从答案中勾选出几个你也喜欢的事情来进行自我滋养。

_____

_____

_____

_____

当一个人懂得用独处的时间来滋养自己，他就有了千军万马的力量。他会越来越喜欢自己，越来越看好自己，这样有热情、有能量、有力量的自己，不惧漫长岁月里的任何风雨。